AF383070

Impressum

Bibliografische Information der Deutschen Nationalbibliothek:
Die Deutsche Nationalbibliothek verzeichnet diese Publikation in der
Deutschen Nationalbibliografie;
detaillierte bibliografische Daten sind im Internet über www.dnb.de abrufbar.

Herstellung und Verlag:
BoD – Books on Demand, Norderstedt

1. Auflage
© 2015 fotolulu
Fotos, Zeichnung & Text: fotolulu · www.fotolulu.de

Neue deutsche Namen der Unterarten © by fotolulu

ISBN: 9783734749995

Mein Birding-Buch

vom .... bis........................

FSC
www.fsc.org
MIX
Papier aus ver-
antwortungsvollen
Quellen
Paper from
responsible sources
FSC® C105338

Vorwort

»Endlich Schluss mit Zetteln und Heftchen!« Schreiben Sie Ihre
Beobachtungen in dieses Buch. So entsteht mit der Zeit Ihre persön-
liche und präsentative »Beobachtungsbibliothek«.

Im ersten Buch „Mein Birding-Buch" befindet sich eine komplette
Checkliste aller Vögel Europas, inklusive deren Unterarten sowie
eine Liste „seltener Gäste in Europa".

Das Buch „Meine Vogelbeobachtungen" ist die Fortsetzung und
der gesamte Platz ist für Ihre Beobachtungen vorgesehen. Auf dem
Buchrücken können Sie die Nummerierung vornehmen und die
Jahreszahl dazu schreiben.

Ich wünsche Ihnen viel Erfolg beim Vögel beobachten und viele
schöne Stunden in der Natur.

fotolulu

Inhalt

Datum	Art	m	w	j	Anzahl	Ort	Bemerkungen

Datum	Art	m	w	j	Anzahl	Ort	Bemerkungen

Datum	Art	m	w	j	Anzahl	Ort	Bemerkungen

Datum	Art	m	w	j	Anzahl	Ort	Bemerkungen

Datum	Art	m	w	j	Anzahl	Ort	Bemerkungen

Datum	Art	m	w	j	Anzahl	Ort	Bemerkungen

Datum	Art	m	w	j	Anzahl	Ort	Bemerkungen

Datum	Art	m	w	j	Anzahl	Ort	Bemerkungen

Datum	Art	m	w	j	Anzahl	Ort	Bemerkungen

Datum	Art	m	w	j	Anzahl	Ort	Bemerkungen

Datum	Art	m	w	j	Anzahl	Ort	Bemerkungen

Datum	Art	m	w	j	Anzahl	Ort	Bemerkungen

Datum	Art	m	w	j	Anzahl	Ort	Bemerkungen

Datum	Art	m	w	j	Anzahl	Ort	Bemerkungen

Datum	Art	m	w	j	Anzahl	Ort	Bemerkungen

Datum	Art	m	w	j	Anzahl	Ort	Bemerkungen

Datum	Art	m	w	j	Anzahl	Ort	Bemerkungen

Datum	Art	m	w	j	Anzahl	Ort	Bemerkungen

Datum	Art	m	w	j	Anzahl	Ort	Bemerkungen

Datum	Art	m	w	j	Anzahl	Ort	Bemerkungen

Datum	Art	m	w	j	Anzahl	Ort	Bemerkungen

Datum	Art	m	w	j	Anzahl	Ort	Bemerkungen

Datum	Art	m	w	j	Anzahl	Ort	Bemerkungen

Datum	Art	m	w	j	Anzahl	Ort	Bemerkungen

Datum	Art	m	w	j	Anzahl	Ort	Bemerkungen

Datum	Art	m	w	j	Anzahl	Ort	Bemerkungen

Datum	Art	m	w	j	Anzahl	Ort	Bemerkungen

Datum	Art	m	w	j	Anzahl	Ort	Bemerkungen

Datum	Art	m	w	j	Anzahl	Ort	Bemerkungen

Datum	Art	m	w	j	Anzahl	Ort	Bemerkungen

Datum	Art	m	w	j	Anzahl	Ort	Bemerkungen

Datum	Art	m	w	j	Anzahl	Ort	Bemerkungen

Datum	Art	m	w	j	Anzahl	Ort	Bemerkungen

Datum	Art	m	w	j	Anzahl	Ort	Bemerkungen

Datum	Art	m	w	j	Anzahl	Ort	Bemerkungen

Datum	Art	m	w	j	Anzahl	Ort	Bemerkungen

Datum	Art	m	w	j	Anzahl	Ort	Bemerkungen

Datum	Art	m	w	j	Anzahl	Ort	Bemerkungen

Datum	Art	m	w	j	Anzahl	Ort	Bemerkungen

Datum	Art	m	w	j	Anzahl	Ort	Bemerkungen

Datum	Art	m	w	j	Anzahl	Ort	Bemerkungen

Datum	Art	m	w	j	Anzahl	Ort	Bemerkungen

Datum	Art	m	w	j	Anzahl	Ort	Bemerkungen

Datum	Art	m	w	j	Anzahl	Ort	Bemerkungen

Datum	Art	m	w	j	Anzahl	Ort	Bemerkungen

Datum	Art	m	w	j	Anzahl	Ort	Bemerkungen

Datum	Art	m	w	j	Anzahl	Ort	Bemerkungen

Datum	Art	m	w	j	Anzahl	Ort	Bemerkungen

Datum	Art	m	w	j	Anzahl	Ort	Bemerkungen

Datum	Art	m	w	j	Anzahl	Ort	Bemerkungen

Datum	Art	m	w	j	Anzahl	Ort	Bemerkungen

Datum	Art	m	w	j	Anzahl	Ort	Bemerkungen

Datum	Art	m	w	j	Anzahl	Ort	Bemerkungen

Datum	Art	m	w	j	Anzahl	Ort	Bemerkungen

Datum	Art	m	w	j	Anzahl	Ort	Bemerkungen

Datum	Art	m	w	j	Anzahl	Ort	Bemerkungen

Datum	Art	m	w	j	Anzahl	Ort	Bemerkungen

Datum	Art	m	w	j	Anzahl	Ort	Bemerkungen

Datum	Art	m	w	j	Anzahl	Ort	Bemerkungen

Datum	Art	m	w	j	Anzahl	Ort	Bemerkungen

Datum	Art	m	w	j	Anzahl	Ort	Bemerkungen

Datum	Art	m	w	j	Anzahl	Ort	Bemerkungen

Datum	Art	m	w	j	Anzahl	Ort	Bemerkungen

Datum	Art	m	w	j	Anzahl	Ort	Bemerkungen

Datum	Art	m	w	j	Anzahl	Ort	Bemerkungen

Datum	Art	m	w	j	Anzahl	Ort	Bemerkungen

Datum	Art	m	w	j	Anzahl	Ort	Bemerkungen

Datum	Art	m	w	j	Anzahl	Ort	Bemerkungen

Datum	Art	m	w	j	Anzahl	Ort	Bemerkungen

Datum	Art	m	w	j	Anzahl	Ort	Bemerkungen

Datum	Art	m	w	j	Anzahl	Ort	Bemerkungen

Datum	Art	m	w	j	Anzahl	Ort	Bemerkungen

Datum	Art	m	w	j	Anzahl	Ort	Bemerkungen

Datum	Art	m	w	j	Anzahl	Ort	Bemerkungen

Datum	Art	m	w	j	Anzahl	Ort	Bemerkungen

Datum	Art	m	w	j	Anzahl	Ort	Bemerkungen

Datum	Art	m	w	j	Anzahl	Ort	Bemerkungen

Datum	Art	m	w	j	Anzahl	Ort	Bemerkungen

Datum	Art	m	w	j	Anzahl	Ort	Bemerkungen

Datum	Art	m	w	j	Anzahl	Ort	Bemerkungen

Datum	Art	m	w	j	Anzahl	Ort	Bemerkungen

Datum	Art	m	w	j	Anzahl	Ort	Bemerkungen

Datum	Art	m	w	j	Anzahl	Ort	Bemerkungen

Datum	Art	m	w	j	Anzahl	Ort	Bemerkungen

Datum	Art	m	w	j	Anzahl	Ort	Bemerkungen

Datum	Art	m	w	j	Anzahl	Ort	Bemerkungen

Datum	Art	m	w	j	Anzahl	Ort	Bemerkungen

Datum	Art	m	w	j	Anzahl	Ort	Bemerkungen

Datum	Art	m	w	j	Anzahl	Ort	Bemerkungen

Datum	Art	m	w	j	Anzahl	Ort	Bemerkungen

Datum	Art	m	w	j	Anzahl	Ort	Bemerkungen

Datum	Art	m	w	j	Anzahl	Ort	Bemerkungen

Datum	Art	m	w	j	Anzahl	Ort	Bemerkungen

Datum	Art	m	w	j	Anzahl	Ort	Bemerkungen

Datum	Art	m	w	j	Anzahl	Ort	Bemerkungen

Datum	Art	m	w	j	Anzahl	Ort	Bemerkungen

Datum	Art	m	w	j	Anzahl	Ort	Bemerkungen

Datum	Art	m	w	j	Anzahl	Ort	Bemerkungen

Datum	Art	m	w	j	Anzahl	Ort	Bemerkungen

Datum	Art	m	w	j	Anzahl	Ort	Bemerkungen

Datum	Art	m	w	j	Anzahl	Ort	Bemerkungen

Datum	Art	m	w	j	Anzahl	Ort	Bemerkungen

Datum	Art	m	w	j	Anzahl	Ort	Bemerkungen

Datum	Art	m	w	j	Anzahl	Ort	Bemerkungen

Datum	Art	m	w	j	Anzahl	Ort	Bemerkungen

Datum	Art	m	w	j	Anzahl	Ort	Bemerkungen

Datum	Art	m	w	j	Anzahl	Ort	Bemerkungen

Datum	Art	m	w	j	Anzahl	Ort	Bemerkungen

Datum	Art	m	w	j	Anzahl	Ort	Bemerkungen

Datum	Art	m	w	j	Anzahl	Ort	Bemerkungen

Datum	Art	m	w	j	Anzahl	Ort	Bemerkungen

Datum	Art	m	w	j	Anzahl	Ort	Bemerkungen

Datum	Art	m	w	j	Anzahl	Ort	Bemerkungen

Datum	Art	m	w	j	Anzahl	Ort	Bemerkungen

Datum	Art	m	w	j	Anzahl	Ort	Bemerkungen

Datum	Art	m	w	j	Anzahl	Ort	Bemerkungen

Datum	Art	m	w	j	Anzahl	Ort	Bemerkungen

Datum	Art	m	w	j	Anzahl	Ort	Bemerkungen

Datum	Art	m	w	j	Anzahl	Ort	Bemerkungen

Datum	Art	m	w	j	Anzahl	Ort	Bemerkungen

Datum	Art	m	w	j	Anzahl	Ort	Bemerkungen

Datum	Art	m	w	j	Anzahl	Ort	Bemerkungen

Datum	Art	m	w	j	Anzahl	Ort	Bemerkungen

Datum	Art	m	w	j	Anzahl	Ort	Bemerkungen

Datum	Art	m	w	j	Anzahl	Ort	Bemerkungen

Datum	Art	m	w	j	Anzahl	Ort	Bemerkungen

Datum	Art	m	w	j	Anzahl	Ort	Bemerkungen

Datum	Art	m	w	j	Anzahl	Ort	Bemerkungen

Datum	Art	m	w	j	Anzahl	Ort	Bemerkungen

Datum	Art	m	w	j	Anzahl	Ort	Bemerkungen

Datum	Art	m	w	j	Anzahl	Ort	Bemerkungen

Datum	Art	m	w	j	Anzahl	Ort	Bemerkungen

Datum	Art	m	w	j	Anzahl	Ort	Bemerkungen

Datum	Art	m	w	j	Anzahl	Ort	Bemerkungen

Datum	Art	m	w	j	Anzahl	Ort	Bemerkungen

Datum	Art	m	w	j	Anzahl	Ort	Bemerkungen

Datum	Art	m	w	j	Anzahl	Ort	Bemerkungen

Datum	Art	m	w	j	Anzahl	Ort	Bemerkungen

Datum	Art	m	w	j	Anzahl	Ort	Bemerkungen

Datum	Art	m	w	j	Anzahl	Ort	Bemerkungen

Datum	Art	m	w	j	Anzahl	Ort	Bemerkungen

Datum	Art	m	w	j	Anzahl	Ort	Bemerkungen

Datum	Art	m	w	j	Anzahl	Ort	Bemerkungen

Datum	Art	m	w	j	Anzahl	Ort	Bemerkungen

Datum	Art	m	w	j	Anzahl	Ort	Bemerkungen

Datum	Art	m	w	j	Anzahl	Ort	Bemerkungen

Datum	Art	m	w	j	Anzahl	Ort	Bemerkungen

Datum	Art	m	w	j	Anzahl	Ort	Bemerkungen

Datum	Art	m	w	j	Anzahl	Ort	Bemerkungen

Datum	Art	m	w	j	Anzahl	Ort	Bemerkungen

Datum	Art	m	w	j	Anzahl	Ort	Bemerkungen

Datum	Art	m	w	j	Anzahl	Ort	Bemerkungen

Datum	Art	m	w	j	Anzahl	Ort	Bemerkungen

Datum	Art	m	w	j	Anzahl	Ort	Bemerkungen

Datum	Art	m	w	j	Anzahl	Ort	Bemerkungen

Datum	Art	m	w	j	Anzahl	Ort	Bemerkungen

Datum	Art	m	w	j	Anzahl	Ort	Bemerkungen

Datum	Art	m	w	j	Anzahl	Ort	Bemerkungen

Datum	Art	m	w	j	Anzahl	Ort	Bemerkungen

Datum	Art	m	w	j	Anzahl	Ort	Bemerkungen

Datum	Art	m	w	j	Anzahl	Ort	Bemerkungen

Datum	Art	m	w	j	Anzahl	Ort	Bemerkungen

Datum	Art	m	w	j	Anzahl	Ort	Bemerkungen

Datum	Art	m	w	j	Anzahl	Ort	Bemerkungen

Datum	Art	m	w	j	Anzahl	Ort	Bemerkungen

Datum	Art	m	w	j	Anzahl	Ort	Bemerkungen

Datum	Art	m	w	j	Anzahl	Ort	Bemerkungen

Datum	Art	m	w	j	Anzahl	Ort	Bemerkungen

Datum	Art	m	w	j	Anzahl	Ort	Bemerkungen

Datum	Art	m	w	j	Anzahl	Ort	Bemerkungen

Datum	Art	m	w	j	Anzahl	Ort	Bemerkungen

Datum	Art	m	w	j	Anzahl	Ort	Bemerkungen

Datum	Art	m	w	j	Anzahl	Ort	Bemerkungen

Datum	Art	m	w	j	Anzahl	Ort	Bemerkungen

Datum	Art	m	w	j	Anzahl	Ort	Bemerkungen

Datum	Art	m	w	j	Anzahl	Ort	Bemerkungen

Datum	Art	m	w	j	Anzahl	Ort	Bemerkungen

Datum	Art	m	w	j	Anzahl	Ort	Bemerkungen

Datum	Art	m	w	j	Anzahl	Ort	Bemerkungen

Datum	Art	m	w	j	Anzahl	Ort	Bemerkungen

Datum	Art	m	w	j	Anzahl	Ort	Bemerkungen

Datum	Art	m	w	j	Anzahl	Ort	Bemerkungen

Datum	Art	m	w	j	Anzahl	Ort	Bemerkungen

Datum	Art	m	w	j	Anzahl	Ort	Bemerkungen

Datum	Art	m	w	j	Anzahl	Ort	Bemerkungen

Datum	Art	m	w	j	Anzahl	Ort	Bemerkungen

Datum	Art	m	w	j	Anzahl	Ort	Bemerkungen

Datum	Art	m	w	j	Anzahl	Ort	Bemerkungen

Datum	Art	m	w	j	Anzahl	Ort	Bemerkungen

Datum	Art	m	w	j	Anzahl	Ort	Bemerkungen

Datum	Art	m	w	j	Anzahl	Ort	Bemerkungen

Datum	Art	m	w	j	Anzahl	Ort	Bemerkungen

Datum	Art	m	w	j	Anzahl	Ort	Bemerkungen

Datum	Art	m	w	j	Anzahl	Ort	Bemerkungen

Skizzen und Notizen

Checkliste der Vögel Europas

Alle Vögel Europas: 535 Arten, inkusive deren 1.627 Unterarten, sowie eine Liste 328 seltener Gäste in Europa.
Nicht alle Unterarten sind in Europa beheimatet. Es gibt jedoch viele Unterarten, die Sie während des Vogelzuges mit etwas Glück entdecken können.

Familie: Anatidae (Entenvögel)

- ☐ **Saatgans (Anser fabalis)**
    - ☐ Waldsaatgans (Anser fabalis johanseni)
    - ☐ Middendorfs Saatgans (Anser fabalis middendorffii)
    - ☐ Tundrasaatgans (Anser serrirostris)
    - ☐ Sibiriensaatgans (Anser serrirostris rossicus)
- ☐ **Kurzschnabelgans (Anser brachyrhynchus)**
- ☐ **Blässgans (Anser albifrons)**
    - ☐ Grönlandbleßgans (Anser albifrons flavirostris)
    - ☐ Alaskableßgans (Anser albifrons elgasi)
    - ☐ Gambell-Bleßgans (Anser albifrons gambelli)
    - ☐ Sponsableßgans (Anser albifrons sponsa)
- ☐ **Zwerggans (Anser erythropus)**
- ☐ **Graugans (Anser anser)**
    - ☐ Indochina-Graugans (Anser anser rubrirostris)
- ☐ **Streifengans (Anser indicus)**
- ☐ **Ringelgans (Branta bernicla)**
    - ☐ Grönland-Ringelgans (Branta bernicla hrota)
    - ☐ Dunkle Ringelgans (Branta bernicla nigricans)
- ☐ **Weißwangengans (Branta leucopsis)**
- ☐ **Kanadagans (Branta canadensis)**
    - ☐ Dunkle Kanadagans (Branta canadensis occidentalis)
    - ☐ Vancuver Kanadagans (Branta canadensis fulva)
    - ☐ Riesenkanadagans (Branta canadensis maxima)
    - ☐ Kleine Kanadagans (Branta canadensis parvipes)
    - ☐ Moffits Kanadagans (Branta canadensis moffitti)
    - ☐ Todds Kanadagans (Branta canadensis interior)
- ☐ **Rothalsgans (Branta ruficollis)**
- ☐ **Höckerschwan (Cygnus olor)**
- ☐ **Zwergschwan (Cygnus columbianus)**
    - ☐ Bewickis Zwergschwan (Cygnus columbianus bewickii)

☐ **Singschwan (Cygnus cygnus)**

   ☐ Islandsingschwan (Cygnus cygnus islandicus)

☐ **Nilgans (Alopochen aegyptiaca)**

☐ **Rostgans (Tadorna ferruginea)**

☐ **Brandgans (Tadorna tadorna)**

☐ **Brautente (Aix sponsa)**

☐ **Mandarinente (Aix galericulata)**

☐ **Pfeifente (Anas penelope)**

☐ **Sichelente (Anas falcata)**

☐ **Schnatterente (Anas strepera)**

☐ **Stockente (Anas platyrhynchos)**

   ☐ Grönland Stockente (Anas platyrhynchos conboschas)

   ☐ Löffelente (Anas clypeata)

☐ **Spießente (Anas acuta)**

☐ **Knäkente (Anas querquedula)**

☐ **Gluckente (Anas formosa)**

☐ **Krickente (Anas crecca)**

   ☐ Aleutenkrickente (Anas crecca nimia)

☐ **Marmelente (Marmaronetta angustirostris)**

☐ **Kolbenente (Netta rufina)**

☐ **Tafelente (Aythya ferina)**

☐ **Moorente (Aythya nyroca)**

☐ **Reiherente (Aythya fuligula)**

☐ **Bergente (Aythya marila)**

   ☐ Arktische Bergente (Aythya marila nearctica)

☐ **Scheckente (Polysticta stelleri)**

☐ **Prachteiderente (Somateria spectabilis)**

☐ **Eiderente (Somateria mollissima)**

   ☐ Pazifische Eiderente (Somateria mollissima v-nigrum)

   ☐ Grönlandeiderente (Somateria mollissima borealis)

   ☐ Hudsoneiderente (Somateria mollissima sedentaria)

   ☐ Neufundlandeiderente (Somateria mollissima dresseri)

   ☐ Färöereiderente (Somateria mollissima faeroeensis)

☐ **Kragenente (Histrionicus histrionicus)**

☐ **Samtente (Melanitta fusca)**

☐ **Trauerente (Melanitta nigra)**

☐ **Pazifiktrauerente (Melanitta americana)**

☐ **Eisente (Clangula hyemalis)**

☐ **Schellente (Bucephala clangula)**

   ☐ Amerikanische Schellente (Bucephala clangula americana)

☐ **Spatelente (Bucephala islandica)**

☐ **Zwergsäger (Mergellus albellus)**

☐ **Gänsesäger (Mergus merganser)**

    ☐ Orientgänsesäger (Mergus merganser orientalis)

    ☐ Amerikagänsesäger (Mergus merganser americanus)

☐ **Mittelsäger (Mergus serrator)**

☐ **Kappensäger (Lophodytes cucullatus)**

☐ **Schwarzkopf-Ruderente (Oxyura jamaicensis)**

    ☐ Amerikanische Ruderente (Oxyura jamaicensis rubida)

☐ **Weißkopf-Ruderente (Oxyura leucocephala)**

Phasianidae (Fasanenartige)

☐ **Steinhuhn (Alectoris graeca)**

    ☐ Alpensteinhuhn (Alectoris graeca saxatilis)

    ☐ Italienisches Steinhuhn (Alectoris graeca orlandoi)

    ☐ Siziliensteinhuhn (Alectoris graeca whitakeri)

☐ **Chukarhuhn (Alectoris chukar)**

    ☐ Grieschisches Chukarhuhn (Alectoris chukar kleini)

    ☐ Zypern-Chukarhuhn (Alectoris chukar cypriotes)

    ☐ Kurdisches Chukarhuhn (Alectoris chukar kurdestanica)

    ☐ Sinai-Chukarhuhn (Alectoris chukar sinaica)

    ☐ Weras Chukarhuhn (Alectoris chukar werae)

    ☐ Pakistanisches Chukarhuhn (Alectoris chukar koroviakovi)

    ☐ Usbekisches Chukarhuhn (Alectoris chukar subpallida)

    ☐ Falks Chukarhuhn (Alectoris chukar falki)

    ☐ Dschungarisches Chukarhuhn (Alectoris chukar dzungarica)

    ☐ Xinjiang-Chukarhuhn (Alectoris chukar pallida)

    ☐ Tibet-Chukarhuhn (Alectoris chukar pallescens)

    ☐ Mongolisches Chukarhuhn (Alectoris chukar potanini)

    ☐ Swinhoes Chukarhuhn (Alectoris chukar pubescens)

☐ **Rothuhn (Alectoris rufa)**

    ☐ Spanisches Rothuhn (Alectoris rufa hispanica)

    ☐ Andalusienrothuhn (Alectoris rufa intercedens)

☐ **Felsenhuhn (Alectoris barbara)**

    ☐ Kanarisches Felsenhuhn (Alectoris barbara koenigi)

    ☐ Spatzis Felsenhuhn (Alectoris barbara spatzi)

    ☐ Barbatafelsenhuhn (Alectoris barbara barbata)

☐ **Rebhuhn (Perdix perdix)**

    ☐ Französisches Rebhuhn (Perdix perdix armoricana)

    ☐ Westliches Rebhuhn (Perdix perdix sphagnetorum)

    ☐ Iberisches Rebhuhn (Perdix perdix hispaniensis)

    ☐ Uralrebhuhn (Perdix perdix lucida)

☐ Türkisches Rebhuhn (Perdix perdix canescens)

☐ Sibirisches Rebhuhn (Perdix perdix robusta)

☐ Wachtel (Coturnix coturnix)

☐ Azorenwachtel (Coturnix coturnix conturbans)

☐ Kap Verdewachtel (Coturnix coturnix inopinata)

☐ Afrikanische Wachtel (Coturnix coturnix africana)

☐ Erlangers Wachtel (Coturnix coturnix erlangeri)

☐ Jagdfasan (Phasianus colchicus)

☐ Kaukasischer Jagdfasan (Phasianus colchicus septentrionalis)

☐ Iranischer Jagdfasan (Phasianus colchicus talischensis)

☐ Perischer Jagdfasan (Phasianus colchicus persicus)

☐ Afghanischer Jagdfasan (Phasianus colchicus principalis)

☐ Usbekischer Jagdfasan (Phasianus colchicus chrysomelas)

☐ Zarudnyfasan (Phasianus colchicus zarudnyi)

☐ Bianchis Jagdfasan (Phasianus colchicus bianchii)

☐ Zerafschanfasan (Phasianus colchicus zerafschanicus)

☐ Turkestanischer Jagdfasan (Phasianus colchicus turcestanicus)

☐ Mongolischer Jagdfasan (Phasianus colchicus mongolicus)

☐ Shawifasan (Phasianus colchicus shawii)

☐ Tarimenfasan (Phasianus colchicus tarimensis)

☐ Vlangalfasan (Phasianus colchicus vlangalii)

☐ Strauchs Jagdfasan (Phasianus colchicus strauchi)

☐ Sohokhotenfasan (Phasianus colchicus sohokhotensis)

☐ Gansu-Jagdfasan (Phasianus colchicus satscheuensis)

☐ Hagenbeckfasan (Phasianus colchicus hagenbecki)

☐ Mongolenfasan (Phasianus colchicus edzinensis)

☐ Ningxiafasan (Phasianus colchicus alaschanicus)

☐ Kiangsufasan (Phasianus colchicus kiangsuensis)

☐ Karpows Jagdfasan (Phasianus colchicus karpowi)

☐ Pallasfasan (Phasianus colchicus pallasi)

☐ Sichuanjagdfasan (Phasianus colchicus suehschanensis)

☐ Eleganter Jagdfasan (Phasianus colchicus elegans)

☐ Ringloser Jagdfasan (Phasianus colchicus decollatus)

☐ Rothschildfasan (Phasianus colchicus rothschildi)

☐ Guandongfasan (Phasianus colchicus takatsukasae)

☐ Halsband-Jagdfasan (Phasianus colchicus torquatus)

☐ Taiwanjagdfasan (Phasianus colchicus formosanus)

☐ Goldfasan (Chrysolophus pictus)

☐ Diamantfasan (Chrysolophus amherstiae)

☐ Auerhuhn (Tetrao urogallus)

☐ Spanisches Auerhuhn (Tetrao urogallus cantabricus)

□ Pyrinäen-Auerhuhn (Tetrao urogallus aquitanicus)

□ Alpenauerhuhn (Tetrao urogallus crassirostris)

□ Russisches Auerhuhn (Tetrao urogallus volgensis)

□ Jenissei-Auerhuhn (Tetrao urogallus kureikensis)

□ Uralauerhuhn (Tetrao urogallus uralensis)

□ Mongolisches Auerhuhn (Tetrao urogallus taczanowskii)

□ Birkhuhn (Lyrurus tetrix)

□ Englisches Birkhuhn (Lyrurus tetrix britannicus)

□ Himalayabirkhuhn (Lyrurus tetrix viridanus)

□ Baikalbirkhuhn (Lyrurus tetrix baikalensis)

□ Mongolenbirkhuhn (Lyrurus tetrix mongolicus)

□ Ussuribirkhuhn (Lyrurus tetrix ussuriensis)

□ Haselhuhn (Tetrastes bonasia)

□ Benelux-Haselhuhn (Tetrastes bonasia rhenanus)

□ Alpenhaselhuhn (Tetrastes bonasia styriacus)

□ Balkanhaselhuhn (Tetrastes bonasia schiebeli)

□ Brehms Haselhuhn (Tetrastes bonasia rupestris)

□ Schwedisches Haselhuhn (Tetrastes bonasia griseonota)

□ Himalaya-Haselhuhn (Tetrastes bonasia sibiricus)

□ Sibirisches Haselhuhn (Tetrastes bonasia kolymensis)

□ Amurhaselhuhn (Tetrastes bonasia amurensis)

□ Yamashina-Haselhuhn (Tetrastes bonasia yamashinai)

□ Hokkaido-Haselhuhn (Tetrastes bonasia vicinitas)

□ Moorschneehuhn (Lagopus lagopus)

□ Irisches Moorschneehuhn (Lagopus lagopus scotica)

□ Norwegisches Moorschneehuhn (Lagopus lagopus variegata)

□ Baltisches Moorschneehuhn (Lagopus lagopus rossica)

□ Kamschatka-Moorschneehuhn (Lagopus lagopus koreni)

□ Großes Moorschneehuhn (Lagopus lagopus maior)

□ Himalaya-Moorschneehuhn (Lagopus lagopus brevirostris)

□ Kozlowas Moorschneehuhn (Lagopus lagopus kozlowae)

□ Östliches Moorschneehuhn (Lagopus lagopus sserebrowsky)

□ Okada-Moorschneehuhn (Lagopus lagopus okadai)

□ Alaska-Moorschneehuhn (Lagopus lagopus alascensis)

□ Alexander-Moorschneehuhn (Lagopus lagopus alexandrae)

□ Akrtisches Moorschneehuhn (Lagopus lagopus leucoptera)

□ Weißes Moorschneehuhn (Lagopus lagopus alba)

□ Kanadisches Moorschneehuhn (Lagopus lagopus ungavus)

□ Neufundland-Moorschneehuhn (Lagopus lagopus alleni)

□ Alpenschneehuhn (Lagopus muta)

□ Schottisches Alpenschneehuhn (Lagopus muta millaisi)

☐ Schweizer Schneehuhn (Lagopus muta helvetica)

☐ Pyrinäenschneehuhn (Lagopus muta pyrenaica)

☐ Sibirienschneehuhn (Lagopus muta pleskei)

☐ Altaischneehuhn (Lagopus muta nadezdae)

☐ Gerasimovs Schneehuhn (Lagopus muta gerasimovi)

☐ Ridgwaischneehuhn (Lagopus muta ridgwayi)

☐ Kurilenschneehuhn (Lagopus muta kurilensis)

☐ Japanschneehuhn (Lagopus muta japonica)

☐ Evermanns Schneehuhn (Lagopus muta evermanni)

☐ Kiskaschneehuhn (Lagopus muta townsendi)

☐ Atkaschneehuhn (Lagopus muta atkhensis)

☐ Yunaskaschneehuhn (Lagopus muta yunaskensis)

☐ Nelsons Schneehuhn (Lagopus muta nelsoni)

☐ Dixonschneehuhn (Lagopus muta dixoni)

☐ Nordamerikaschneehuhn (Lagopus muta rupestris)

☐ Neufundlandschneehuhn (Lagopus muta welchi)

☐ Westgröland-Schneehuhn (Lagopus muta saturata)

☐ Grönlandschneehuhn (Lagopus muta macruros)

☐ Reinhards Schneehuhn (Lagopus muta reinhardi)

☐ Spitzbergenschneehuhn (Lagopus muta hyperborea)

☐ Islandschneehuhn (Lagopus muta islandorum)

Familie: Gaviidae (Seetaucher)

☐ **Sterntaucher (Gavia stellata)**
☐ **Prachttaucher (Gavia arctica)**
    ☐ Alaskaprachttaucher (Gavia arctica viridigularis)
☐ **Eistaucher (Gavia immer)**
☐ **Gelbschnabeltaucher (Gavia adamsii)**

Familie: Podicipedidae (Lappentaucher)

☐ **Zwergtaucher (Tachybaptus ruficollis)**
    ☐ Kaukasus-Zwergtaucher (Tachybaptus ruficollis albescens)
    ☐ Irak-Zwergtaucher (Tachybaptus ruficollis iraquensis)
    ☐ Kap-Zwergtaucher (Tachybaptus ruficollis capensis)
    ☐ Hainan-Zwergtaucher (Tachybaptus ruficollis poggei)
    ☐ Philipinen-Zwergtaucher (Tachybaptus ruficollis philippensis)
    ☐ Mindanao-Zwergtaucher (Tachybaptus ruficollis cotabato)
☐ **Ohrentaucher (Podiceps auritus)**
    ☐ Amerikanischer Ohrentaucher (Podiceps auritus cornutus)
☐ **Rothalstaucher (Podiceps grisegena)**

☐ Holbollitaucher (Podiceps grisegena holbollii)

☐ **Haubentaucher (Podiceps cristatus)**

☐ Afrikanischer Haubentaucher (Podiceps cristatus infuscatus)

☐ Australischer Haubentaucher (Podiceps cristatus australis)

☐ **Schwarzhalstaucher (Podiceps nigricollis)**

☐ Kap-Schwarzhalstaucher (Podiceps nigricollis gurneyi)

☐ Kalifornischer Schwarzhalstaucher (Podiceps nigricollis californicus)

Familie: Phoenicopteridae (Flamingos)

☐ **Rosaflamingo (Phoenicopterus roseus)**

Diomedeidae (Albatrosse)

☐ **Wanderalbatros (Diomedea exulans)**

Familie: Procellariidae (Sturmvögel)

☐ **Eissturmvogel (Fulmarus glacialis)**

☐ Kleiner Eissturmvogel (Fulmarus glacialis auduboni)

☐ Rodgers Eissturmvogel (Fulmarus glacialis rodgersii)

☐ **Madeirasturmvogel (Pterodroma madeira)**

☐ **Kapverdensturmvogel (Pterodroma feae)**

☐ **Bulwersturmvogel (Bulweria bulwerii)**

☐ **Schlegelsturmvogel (Pterodroma incerta)**

☐ **Gelbschnabel Sturmtaucher (Calonectris diomedea)**

☐ **Kap Verde-Stumrtaucher (Calonectris edwardsii)**

☐ **Großer Sturmtaucher (Puffinus gravis)**

☐ **Dunkler Sturmtaucher (Puffinus griseus)**

☐ **Schwarzschnabel Sturmtaucher (Puffinus puffinus)**

☐ **Mittelmeer Sturmtaucher (Puffinus yelkouan)**

☐ **Balearensturmtaucher (Puffinus mauretanicus)**

☐ **Barolosturmtaucher (Puffinus baroli)**

Familie: Hydrobatidae (Sturmschwalben)

☐ **Buntfuß-Sturmschwalbe (Oceanites oceanicus)**

☐ Wilsons Sturmschwalbe (Oceanites oceanicus exasperatus)

☐ Kaphorn-Sturmschwalbe (Oceanites oceanicus chilensis)

☐ **Weißgesicht-Sturmschwalbe (Pelagodroma marina)**

☐ Kanaren-Weißgesichtsturmschwalbe (Pelagodroma marina hypoleuca)

☐ Kap Verde-Weißgesichtsturmschwalbe (Pelagodroma marina eadesorum)

☐ Australische Weißgesichtsturmschwalbe (Pelagodroma marina dulciae)

☐ Chatham-Weißgesichtsturmschwalbe (Pelagodroma marina maoriana)

☐ Kerdamec-Weißgesichtsturmschwalbe (Pelagodroma marina albiclunis)

☐ **Sturmschwalbe (Hydrobates pelagicus)**

☐ Mittelmeersturmschwalbe (Hydrobates pelagicus melitensis)

☐ **Wellenläufer (Oceanodroma leucorhoa)**

☐ Chapmans Wellenläufer (Oceanodroma leucorhoa chapmani)

☐ Guadeloupe-Wellenläufer (Oceanodroma leucorhoa cheimomnestes)

☐ Socorrowellenläufer (Oceanodroma leucorhoa socorroensis)

☐ **Madeirawellenläufer (Oceanodroma castro)**

☐ **Azorenwellenläufer (Oceanodroma monteiroi)**

Familie: Ciconiidae (Störche)

☐ **Schwarzstorch (Ciconia nigra)**

☐ **Weißstorch (Ciconia ciconia)**

☐ Asiatischer Weißstorch (Ciconia ciconia asiatica)

☐ **Nimmersatt (Mycteria ibis)**

☐ **Marabu (Leptoptilos crumenifer)**

Familie: Sulidae (Tölpel)

☐ **Maskentölpel (Sula dactylatra)**

☐ Seyschellen-Maskentölpel (Sula dactylatra melanops)

☐ Tasmanischer Maskentölpel (Sula dactylatra tasmani)

☐ Australischer Maskentölpel (Sula dactylatra personata)

☐ **Baßtölpel (Morus bassanus)**

Familie: Phalacrocoracidae (Kormorane)

☐ **Kormoran (Phalacrocorax carbo)**

☐ Chinesischer Kormoran (Phalacrocorax carbo sinensis)

☐ Japanischer Kormoran (Phalacrocorax carbo hanedae)

☐ Marokkokormoran (Phalacrocorax carbo maroccanus)

☐ Australischer Kormoran (Phalacrocorax carbo novaehollandiae)

☐ **Krähenscharbe (Phalacrocorax aristotelis)**

☐ Nordafrika-Krähenscharbe (Phalacrocorax aristotelis riggenbachi)

☐ Mittelmeer-Krähenscharbe (Phalacrocorax aristotelis desmarestii)

☐ **Zwergscharbe (Microcarbo pygmeus)**

Familie: Anhingidae (Schlangenhalsvögel)

☐ **Afrikanischer Schlangenhalsvogel (Anhinga rufa)**
    ☐ Madagaskar-Schlangenhalsvogel (Anhinga rufa vulsini)
    ☐ Tigris-Schlangenhalsvogel (Anhinga rufa chantrei)

Familie: Pelecanidae (Pelikane)

☐ **Rosapelikan (Pelecanus onocrotalus)**
☐ **Krauskopfpelikan (Pelecanus crispus)**

Familie: Ardeidae (Reiher)

☐ **Rohrdommel (Botaurus stellaris)**
☐ **Kap-Rohrdommel (Botaurus stellaris capensis)**
☐ **Zwergdommel (Ixobrychus minutus)**
    ☐ Kapzwergdommel (Ixobrychus minutus payesii)
    ☐ Madagaskar-Zwergdommel (Ixobrychus minutus podiceps)
☐ **Graureiher (Ardea cinerea)**
    ☐ Asiatischer Graureiher (Ardea cinerea jouyi)
    ☐ Mauretanien Graureiher (Ardea cinerea monicae)
    ☐ Madagaskar Graureiher (Ardea cinerea firasa)
    ☐ Schwarzhalsreiher (Ardea melanocephala)
☐ **Purpurreiher (Ardea purpurea)**
    ☐ Kap Verde Purpurreiher (Ardea purpurea bournei)
    ☐ Madagaskar Purpurreiher (Ardea purpurea madagascariensis)
    ☐ Indochinesischer Purpurreiher (Ardea purpurea manilensis)
☐ **Silberreiher (Ardea alba)**
    ☐ Südafrikanischer Silberreiher (Ardea alba melanorhynchos)
    ☐ Amerikanischer Silberreiher (Ardea alba egretta)
    ☐ Indischer Silberreiher (Ardea alba modesta)
☐ **Seidenreiher (Egretta garzetta)**
    ☐ Indonesischer Seidenreiher (Egretta garzetta nigripes)
☐ **Küstenreiher (Egretta gularis)**
    ☐ Indischer Küstenreiher (Egretta gularis schistacea)
☐ **Kuhreiher (Bubulcus ibis)**
☐ **Rallenreiher (Ardeola ralloides)**
☐ **Bacchusreiher (Ardeola bacchus)**
☐ **Mangrovereiher (Butorides striata)**
    ☐ Kap Mangrovereiher (Butorides striata atricapilla)
    ☐ Somalia-Mangrovenreiher (Butorides striata brevipes)

☐ Madagaskar Mangrovereiher (Butorides striata rutenbergi)

☐ Komoren Mangrovereiher (Butorides striata rhizophorae)

☐ Aldabra-Mangrovereiher (Butorides striata crawfordi)

☐ Seychellen Mangrovereiher (Butorides striata degens)

☐ Garcia Island-Mangrovereiher (Butorides striata albolimbata)

☐ Sumatra-Mangrovereiher (Butorides striata spodiogaster)

☐ Philippinen-Mangrovereiher (Butorides striata amurensis)

☐ Indochinesischer Mangrovereiher (Butorides striata actophila)

☐ Java-Mangrovereiher (Butorides striata javanica)

☐ Sunda-Mangrovereiher (Butorides striata steini)

☐ Molukken-Mangrovereiher (Butorides striata moluccarum)

☐ Papua-Mangrovereiher (Butorides striata papuensis)

☐ Idenburgs Mangrovereiher (Butorides striata idenburgi)

☐ Flyens Mangrovereiher (Butorides striata flyensis)

☐ Neuguinea-Mangrovereiher (Butorides striata macrorhyncha)

☐ Australischer Mangrovereiher (Butorides striata stagnatilis)

☐ Thaiti-Mangrovereiher (Butorides striata patruelis)

☐ Salomonen-Mangrovereiher (Butorides striata solomonensis)

☐ **Nachtreiher (Nycticorax nycticorax)**

☐ Hawaiinachtreiher (Nycticorax nycticorax hoactli)

☐ Dunkler Nachtreiher (Nycticorax nycticorax obscurus)

☐ Falkland-Nachtreiher (Nycticorax nycticorax falklandicus)

Familie: Threskiornithidae (Ibise, Löffler & Sichler)

☐ **Sichler (Plegadis falcinellus)**
☐ **Heiliger Ibis (Threskiornis aethiopicus)**
☐ **Waldrapp (Geronticus eremita)**
☐ **Löffler (Platalea leucorodia)**

☐ Mauretanischer Löffler (Platalea leucorodia balsaci)

☐ Archerlöffler (Platalea leucorodia archeri)

☐ **Afrikanischer Löffler (Platalea alba)**

Familie: Pandionidae (Fischadler)

☐ **Fischadler (Pandion haliaetus)**

☐ Carolina-Fischadler (Pandion haliaetus carolinensis)

☐ Ridgwayfischadler (Pandion haliaetus ridgwayi)

☐ **Gleitaar (Elanus caeruleus)**

    ☐ Sumatra-Gleitaar (Elanus caeruleus vociferus)

    ☐ Goulds Gleitaar (Elanus caeruleus hypoleucus)

☐ **Bartgeier (Gypaetus barbatus)**

    ☐ Alpenbartgeier (Gypaetus barbatus aureus)

    ☐ Südlicher Bartgeier (Gypaetus barbatus meridionalis)

☐ **Wespenbussard (Pernis apivorus)**

☐ **Schopfwespenbussard (Pernis ptilorhynchus)**

    ☐ Östlicher Schopfwespenbussard (Pernis ptilorhynchus orientalis)

    ☐ Indischer Schopfwespenbussard (Pernis ptilorhynchus ruficollis)

    ☐ Malaysiawespenbussard (Pernis ptilorhynchus torquatus)

    ☐ Palawanwespenbussard (Pernis ptilorhynchus palawanensis)

    ☐ Philippinenwespenbussard (Pernis ptilorhynchus philippensis)

☐ **Mönchsgeier (Aegypius monachus)**

☐ **Weißrückengeier (Gyps africanus)**

☐ **Gänsegeier (Gyps fulvus)**

    ☐ Indischer Gänsegeier   (Gyps fulvus fulvescens)

☐ **Schmutzgeier (Neophron percnopterus)**

    ☐ Himalaya-Schmutzgeier (Neophron percnopterus ginginianus)

    ☐ Kanaren-Schmutzgeier (Neophron percnopterus majorensis)

☐ **Schlangenadler (Circaetus gallicus)**

☐ **Schreiadler (Clanga pomarina)**

☐ **Schelladler (Clanga clanga)**

☐ **Zwergadler (Hieraaetus pennatus)**

☐ **Steppenadler (Aquila nipalensis)**

    ☐ Östlicher Steppenadler (Aquila nipalensis orientalis)

☐ **Spanischer Kaiseradler (Aquila adalberti)**

☐ **Kaiseradler (Aquila heliaca)**

☐ **Steinadler (Aquila chrysaetos)**

    ☐ Kamschatka Steinadler (Aquila chrysaetos kamtschatica)

    ☐ Japanischer Steinadler (Aquila chrysaetos japonica)

    ☐ Turkistan-Steinadler (Aquila chrysaetos daphanea)

    ☐ Spanischer Steinadler (Aquila chrysaetos homeyeri)

    ☐ Kanadischer Steinadler (Aquila chrysaetos canadensis)

☐ **Habichtsadler (Aquila fasciata)**

    ☐ Renschis Habichtsadler (Aquila fasciata renschi)

☐ **Rohrweihe (Circus aeruginosus)**

    ☐ Harters Rohrweihe (Circus aeruginosus harterti)

☐ **Kornweihe (Circus cyaneus)**

☐ **Steppenweihe (Circus macrourus)**

☐ **Wiesenweihe (Circus pygargus)**

☐ **Kurzfangsperber (Accipiter brevipes)**

☐ **Sperber (Accipiter nisus)**

    ☐ Madschurensperber (Accipiter nisus nisosimilis)

    ☐ Dementjevs Sperber (Accipiter nisus dementjevi)

    ☐ Himalayasperber (Accipiter nisus melaschistos)

    ☐ Sardiniensperber (Accipiter nisus wolterstorffi)

    ☐ Tunesiensperber (Accipiter nisus punicus)

    ☐ Grants Sperber (Accipiter nisus granti)

☐ **Habicht (Accipiter gentilis)**

    ☐ Skandinavienhabicht (Accipiter gentilis buteoides)

    ☐ Alaskahabicht (Accipiter gentilis albidus)

    ☐ Schvedows Habicht (Accipiter gentilis schvedowi)

    ☐ Japanhabicht (Accipiter gentilis fujiyamae)

    ☐ Balkanhabicht (Accipiter gentilis marginatus)

    ☐ Sardenhabicht (Accipiter gentilis arrigonii)

    ☐ Nordamerikanischer Habicht (Accipiter gentilis atricapillus)

    ☐ Laingihabicht (Accipiter gentilis laingi)

    ☐ Apachehabicht (Accipiter gentilis apache)

☐ **Rotmilan (Milvus milvus)**

    ☐ Kap Verde-Rotmilan (Milvus milvus fasciicauda)

☐ **Schwarzmilan (Milvus migrans)**

    ☐ Himalaya-Schwarzmilan (Milvus migrans lineatus)

    ☐ Indochinesischer Schwarzmilan (Milvus migrans govinda)

    ☐ Hainan-Schwarzmilan (Milvus migrans formosanus)

    ☐ Sulawesi-Schwarzmilan (Milvus migrans affinis)

☐ **Seeadler (Haliaeetus albicilla)**

    ☐ Grönlandseeadler (Haliaeetus albicilla groenlandicus)

☐ **Rauhfußbussard (Buteo lagopus)**

    ☐ Menzbiers Raufußbussard (Buteo lagopus menzbieri)

    ☐ Kamschatka-Raufußbussard (Buteo lagopus kamtschatkensis)

    ☐ Sanktjohannes-Raufußbussard (Buteo lagopus sanctijohannis)

☐ **Mäusebussard (Buteo buteo)**

    ☐ Ostkanaren-Mäusebussard (Buteo buteo insularum)

    ☐ Harters Mäusebussard (Buteo buteo harterti)

    ☐ Sardenbussard (Buteo buteo pojana)

    ☐ Elburz-Mäusebussard (Buteo buteo menetriesi)

    ☐ Fuchsfarbener Mäusebussard (Buteo buteo vulpinus)

☐ **Adlerbussard (Buteo rufinus)**

    ☐ Arabischer Adlerbussard (Buteo rufinus cirtensis)

Familie: Otididae (Trappen)

- ☐ **Großtrappe (Otis tarda)**
    - ☐ Mongolengroßtrappe (Otis tarda dybowskii)
- ☐ **Zwergtrappe (Tetrax tetrax)**
- ☐ **Kragentrappe (Chlamydotis undulata)**
    - ☐ Fuerteventura-Kragentrappe (Chlamydotis undulata fuertaventurae)

Familie: Rallidae (Rallen)

- ☐ **Wachtelkönig (Crex crex)**
- ☐ **Wasserralle (Rallus aquaticus)**
    - ☐ Aralseeralle (Rallus aquaticus korejewi)
- ☐ **Kleines Sumpfhuhn (Porzana parva)**
- ☐ **Zwergsumpfhuhn (Porzana pusilla)**
    - ☐ Europäisches Zwergsumpfhuhn (Porzana pusilla intermedia)
    - ☐ Dunkles Zwergsumpfhuhn (Porzana pusilla obscura)
    - ☐ Borneo-Zwergsumpfhuhn (Porzana pusilla mira)
    - ☐ Neuguinea-Zwergsumpfhuhn (Porzana pusilla mayri)
    - ☐ Australisches Zwergsumpfhuhn (Porzana pusilla palustris)
    - ☐ Chatham-Zwergsumpfhuhn (Porzana pusilla affinis)
- ☐ **Tüpfelsumpfhuhn (Porzana porzana)**
- ☐ **Purpurhuhn (Porphyrio porphyrio)**
    - ☐ Harters Purpurhuhn (Porphyrio porphyrio caspius)
    - ☐ Indisches Purpurhuhn (Porphyrio porphyrio seistanicus)
    - ☐ Sri Lanka-Purpurhuhn (Porphyrio porphyrio poliocephalus)
    - ☐ Indochinesisches Purpurhuhn (Porphyrio porphyrio viridis)
    - ☐ Borneopurpurhuhn (Porphyrio porphyrio indicus)
    - ☐ Molukkenpurpurhuhn (Porphyrio porphyrio melanopterus)
    - ☐ Temmnicks Purpurhuhn (Porphyrio porphyrio melanotus)
    - ☐ Goulds Purpurhuhn (Porphyrio porphyrio bellus)
    - ☐ Philippinenpurpurhuhn (Porphyrio porphyrio pulverulentus)
    - ☐ Palaupurpurhuhn (Porphyrio porphyrio pelewensis)
    - ☐ Samoapurpurhuhn (Porphyrio porphyrio samoensis)
- ☐ **Teichhuhn (Gallinula chloropus)**
    - ☐ Südafrikanisches Teichhuhn (Gallinula chloropus meridionalis)
    - ☐ Madagaskarteichhuhn (Gallinula chloropus pyrrhorrhoa)
    - ☐ Seychellenteichhuhn (Gallinula chloropus orientalis)
    - ☐ Guamteichhuhn (Gallinula chloropus guami)
- ☐ **Kammbläßhuhn (Fulica cristata)**
- ☐ **Bläßhuhn (Fulica atra)**

☐ Javabläßhuhn (Fulica atra lugubris)

☐ Neuguineabläßhuhn (Fulica atra novaeguineae)

☐ Tasmanisches Bläßhuhn (Fulica atra australis)

Familie: Gruidae (Kraniche)

☐ **Jungfernkranich (Grus virgo)**

☐ **Schneekranich (Grus leucogeranus)**

☐ **Kranich (Grus grus)**

    ☐ Lilfordkranich (Grus grus lilfordi)

    ☐ Archibaldkranich (Grus grus archibaldi)

Familie: Burhinidae (Triele)

☐ **Triel (Burhinus oedicnemus)**

    ☐ Westkanarischer Triel (Burhinus oedicnemus distinctus)

    ☐ Ostkanarischer Triel (Burhinus oedicnemus insularum)

    ☐ Saharatriel (Burhinus oedicnemus saharae)

    ☐ Vaurietriel (Burhinus oedicnemus harterti)

Familie: Recurvirostridae (Säbelschnäbler)

☐ **Stelzenläufer (Himantopus himantopus)**

☐ **Säbelschnäbler (Recurvirostra avosetta)**

Familie: Haematopodidae (Austernfischer)

☐ **Austernfischer (Haematopus ostralegus)**

    ☐ Türkenausternfischer (Haematopus ostralegus longipes)

    ☐ Chinaausternfischer (Haematopus ostralegus buturlini)

    ☐ Koreaausternfischer (Haematopus ostralegus osculans)

Familie: Charadriidae (Regenpfeifer)

☐ **Kiebitzregenpfeifer (Pluvialis squatarola)**

    ☐ Wrangel-Kiebitzregenpfeifer (Pluvialis squatarola tomkovichi)

    ☐ Kanadischer Kiebitzregenpfeifer (Pluvialis squatarola cynosurae)

☐ **Goldregenpfeifer (Pluvialis apricaria)**

☐ **Kiebitz (Vanellus vanellus)**

☐ **Spornkiebitz (Vanellus spinosus)**

☐ **Wüstenregenpfeifer (Charadrius leschenaultii)**

☐ Türkischer Wüstenregenpfeifer (Charadrius leschenaultii columbinus)

☐ Kasachstan-Wüstenregenpfeifer (Charadrius leschenaultii scythicus)

☐ **Seeregenpfeifer (Charadrius alexandrinus)**

☐ Chinesischer Seeregenpfeifer (Charadrius alexandrinus dealbatus)

☐ Japan-Seeregenpfeifer (Charadrius alexandrinus nihonensis)

☐ Sri Lanka-Seeregenpfeifer (Charadrius alexandrinus seebohmi)

☐ **Sandregenpfeifer (Charadrius hiaticula)**

☐ Isländischer Sandregenpfeifer (Charadrius hiaticula psammodromus)

☐ Eurasischer Sandregenpfeifer (Charadrius hiaticula tundrae)

☐ **Flussregenpfeifer (Charadrius dubius)**

☐ Afrikanischer Flussregenpfeifer (Charadrius dubius curonicus)

☐ Asiatischer Flussregenpfeifer (Charadrius dubius jerdoni)

☐ **Mornellregenpfeifer (Charadrius morinellus)**

Familie: Scolopacidae (Schnepfenvögel)

☐ **Terekwasserläufer (Xenus cinereus)**

☐ **Flussuferläufer (Actitis hypoleucos)**

☐ **Waldwasserläufer (Tringa ochropus)**

☐ **Dunkler Wasserläufer (Tringa erythropus)**

☐ **Grünschenkel (Tringa nebularia)**

☐ **Teichwasserläufer (Tringa stagnatilis)**

☐ **Bruchwasserläufer (Tringa glareola)**

☐ **Rotschenkel (Tringa totanus)**

☐ Islandrotschenkel (Tringa totanus robusta)

☐ Mongolenrotschenkel (Tringa totanus ussuriensis)

☐ Mandschurenrotschenkel (Tringa totanus terrignotae)

☐ Chinarotschenkel (Tringa totanus craggi)

☐ Tibetrotschenkel (Tringa totanus eurhina)

☐ **Regenbrachvogel (Numenius phaeopus)**

☐ Islandbrachvogel (Numenius phaeopus islandicus)

☐ Kasachstanbrachvogel (Numenius phaeopus alboaxillaris)

☐ Rogachevbrachvogel (Numenius phaeopus rogachevae)

☐ Sibirischer Brachvogel (Numenius phaeopus variegatus)

☐ Alaskabrachvogel (Numenius phaeopus rufiventris)

☐ Hudsonbay-Brachvogel (Numenius phaeopus hudsonicus)

☐ **Großer Brachvogel (Numenius arquata)**

☐ Mandschurenbrachvogel (Numenius arquata orientalis)

☐ Suschkins Brachvogel (Numenius arquata suschkini)

☐ **Uferschnepfe (Limosa limosa)**

☐ Islanduferschnepfe (Limosa limosa islandica)

☐ Asiatische Uferschnepfe (Limosa limosa melanuroides)

☐ Pfuhlschnepfe (Limosa lapponica)

    ☐ Taymyrenspfuhlschnepfe (Limosa lapponica taymyrensis)

    ☐ Sinirische Pfuhlschnepfe (Limosa lapponica menzbieri)

    ☐ Alaskapfuhlschnepfe (Limosa lapponica baueri)

☐ Steinwälzer (Arenaria interpres)

    ☐ Alaskasteinwälzer (Arenaria interpres morinella)

☐ Knutt (Calidris canutus)

    ☐ Neusibirienknutt (Calidris canutus piersmai)

    ☐ Tschuktschenknutt (Calidris canutus rogersi)

    ☐ Wrangelknutt (Calidris canutus roselaari)

    ☐ Wilsons Knutt (Calidris canutus rufa)

    ☐ Grönlandknutt (Calidris canutus islandica)

☐ Kampfläufer (Philomachus pugnax)

☐ Sumpfläufer (Limicola falcinellus)

    ☐ Sibirischer Sumpfläufer (Limicola falcinellus sibirica)

☐ Sichelstrandläufer (Calidris ferruginea)

☐ Temminckstrandläufer (Calidris temminckii)

☐ Sanderling (Calidris alba)

    ☐ Alaskasanderling (Calidris alba rubida)

☐ Alpenstrandläufer (Calidris alpina)

    ☐ Grönland-Alpenstrandläufer (Calidris alpina arctica)

    ☐ Schinzis Alpenstrandläufer (Calidris alpina schinzii)

    ☐ Sibirischer Alpenstrandläufer (Calidris alpina centralis)

    ☐ Tschuktschenstrandläufer (Calidris alpina sakhalina)

    ☐ Kistchinsk-Alpenstrandläufer (Calidris alpina kistchinski)

    ☐ Sakhalin-Alpenstrandläufer (Calidris alpina actites)

    ☐ Arktischer Alpenstrandläufer (Calidris alpina arcticola)

    ☐ Pazifischer Alpenstrandläufer (Calidris alpina pacifica)

    ☐ Hudson-Alpenstrandläufer (Calidris alpina hudsonia)

☐ Meerstrandläufer (Calidris maritima)

    ☐ Hudsonmeerstrandläufer (Calidris maritima belcheri)

    ☐ Isalndmeerstrandläufer (Calidris maritima littoralis)

☐ Zwergstrandläufer (Calidris minuta)

☐ Zwergschnepfe (Lymnocryptes minimus)

☐ Doppelschnepfe (Gallinago media)

☐ Bekassine (Gallinago gallinago)

    ☐ Islandbekassine (Gallinago gallinago faeroeensis)

☐ Waldschnepfe (Scolopax rusticola)

☐ Odinshühnchen (Phalaropus lobatus)

☐ Thorshühnchen (Phalaropus fulicarius)

Familie: Turnicidae (Laufhühnchen)

- ☐ **Laufhühnchen (Turnix sylvaticus)**
  - ☐ Afrikanisches Laufhühnchen (Turnix sylvaticus lepurana)
  - ☐ Temmnicklaufhühnchen (Turnix sylvaticus dussumier)
  - ☐ Indochinesisches Laufhühnchen (Turnix sylvaticus davidi)
  - ☐ Javalaufhühnchen (Turnix sylvaticus bartelsorum)
  - ☐ Luzonlaufhühnchen (Turnix sylvaticus whiteheadi)
  - ☐ Bohollaufhühnchen (Turnix sylvaticus celestinoi)
  - ☐ Negroslaufhühnchen (Turnix sylvaticus nigrorum)
  - ☐ Sululaufhühnchen (Turnix sylvaticus suluensis)

Familie: Glareolidae (Brachschwalbenartige)

- ☐ **Rennvogel (Cursorius cursor)**
  - ☐ Indienrennvogel (Cursorius cursor bogolubovi)
  - ☐ Kapverderennvogel (Cursorius cursor exsul)
- ☐ **Rotflügel-Brachschwalbe (Glareola pratincola)**
  - ☐ Erlangers Brachschwalbe (Glareola pratincola erlangeri)
  - ☐ Fülleborn-Brachschwalbe (Glareola pratincola fuelleborni)
  - ☐ Westliche Rotflügel-Brachschwalbe (Glareola pratincola riparia)
- ☐ **Schwarzflügel-Brachschwalbe (Glareola nordmanni)**

Familie: Stercorariidae (Raubmöwen)

- ☐ **Skua (Stercorarius skua)**
- ☐ **Spatelraubmöwe (Stercorarius pomarinus)**
- ☐ **Schmarotzerraubmöwe (Stercorarius parasiticus)**
- ☐ **Falkenraubmöwe (Stercorarius longicaudus)**
  - ☐ Nördliche Falkenraubmöwe (Stercorarius longicaudus pallescens)

Familie: Alcidae (Alkenvögel)

- ☐ **Krabbentaucher (Alle alle)**
  - ☐ Polarkrabbentaucher (Alle alle polaris)
- ☐ **Trottellumme (Uria aalge)**
  - ☐ Spitzbergentrottellume (Uria aalge hyperborea)
  - ☐ Westliche Trottellumme (Uria aalge albionis)
  - ☐ Beringlumme (Uria aalge inornata)
  - ☐ Kalifonienlumme (Uria aalge californica)
- ☐ **Dickschnabellumme (Uria lomvia)**

☐ Eleonoralumme (Uria lomvia eleonorae)

☐ Heckerlumme (Uria lomvia heckeri)

☐ Japanlumme (Uria lomvia arra)

☐ **Tordalk (Alca torda)**

☐ Islandtordalk (Alca torda islandica)

☐ **Gryllteiste (Cepphus grylle)**

☐ Spitzbergengryllteiste (Cepphus grylle mandtii)

☐ Grönlandgryllteiste (Cepphus grylle arcticus)

☐ Islandgryllteiste (Cepphus grylle islandicus)

☐ Färörgryllteiste (Cepphus grylle faeroeensis)

☐ **Taubenteiste (Cepphus columba)**

☐ Kurilenteiste (Cepphus columba snowi)

☐ Kanadateiste (Cepphus columba kaiurka)

☐ Aleutenteiste (Cepphus columba adiantus)

☐ Kalifornienteiste (Cepphus columba eureka)

☐ **Papageitaucher (Fratercula arctica)**

☐ Färör-Papageitaucher (Fratercula arctica grabae)

☐ Grönland-Papageitaucher (Fratercula arctica naumanni)

Familie: Laridae (Möwen)

☐ **Dreizehenmöwe (Rissa tridactyla)**

☐ Alaska-Dreizehenmöwe (Rissa tridactyla pollicaris)

☐ **Schwalbenmöwe (Xema sabini)**

☐ **Lachmöwe (Chroicocephalus ridibundus)**

☐ **Dünnschnabelmöwe (Chroicocephalus genei)**

☐ **Zwergmöwe (Hydrocoloeus minutus)**

☐ **Rosenmöwe (Rhodostethia rosea)**

☐ **Schwarzkopfmöwe (Ichthyaetus melanocephalus)**

☐ **Korallenmöwe (Ichthyaetus audouinii)**

☐ **Sturmmöwe (Larus canus)**

☐ Sibirische Sturmmöwe (Larus canus heinei)

☐ Kamschatkasturmmöwe (Larus canus kamtschatschensis)

☐ Alaskasturmmöwe (Larus canus brachyrhynchus)

☐ **Silbermöwe (Larus argentatus)**

☐ Westliche Silbermöwe (Larus argentatus argenteus)

☐ **Mittelmeermöwe (Larus michahellis)**

☐ Atlantische Mittelmeermöwe (Larus michahellis atlantis)

☐ **Steppenmöwe (Larus cachinnans)**

☐ **Armenienmöwe (Larus armenicus)**

☐ **Polarmöwe (Larus glaucoides)**

☐ Kanadische Polarmöwe (Larus glaucoides kumlieni)

☐ Heringsmöwe (Larus fuscus)

☐ Grönlandheringsmöwe (Larus fuscus graellsii)

☐ Mitteleuropäische Heringsmöwe (Larus fuscus intermedius)

☐ Sibirische Heringsmöwe (Larus fuscus heuglini)

☐ Asiatische Heringsmöwe (Larus fuscus barabensis)

☐ Eismöwe (Larus hyperboreus)

☐ Beringeismöwe (Larus hyperboreus pallidissimus)

☐ Alaskaeismöwe (Larus hyperboreus barrovianus)

☐ Islandeismöwe (Larus hyperboreus leuceretes)

☐ Mantelmöwe (Larus marinus)

☐ Zwergseeschwalbe (Sternula albifrons)

☐ Mauretanische Zwergseeschwalbe (Sternula albifrons guineae)

☐ Indische Zwergseeschwalbe (Sternula albifrons sinensis)

☐ Lachseeschwalbe (Gelochelidon nilotica)

☐ Asiatische Lachseeschwalbe (Gelochelidon nilotica affinis)

☐ Australische Lachseeschwalbe (Gelochelidon nilotica macrotarsa)

☐ Antillen-Lachseeschwalbe (Gelochelidon nilotica aranea)

☐ Kalifonische Lachseeschwalbe (Gelochelidon nilotica vanrossemi)

☐ Südamerikanische Lachseeschwalbe (Gelochelidon nilotica gronvoldi)

☐ Raubseeschwalbe (Hydroprogne caspia)

☐ Trauerseeschwalbe (Chlidonias niger)

☐ Amerikanische Trauerseeschwalbe (Chlidonias niger surinamensis)

☐ Weißflügel-Seeschwalbe (Chlidonias leucopterus)

☐ Weißbart-Seeschwalbe (Chlidonias hybrida)

☐ Madagaskar-Weißbartseeschwalbe (Chlidonias hybrida delalandii)

☐ Australische Weißbartseeschwalbe (Chlidonias hybrida javanicus)

☐ Rosenseeschwalbe (Sterna dougallii)

☐ Seychellen-Rosenseeschwalbe (Sterna dougallii arideensis)

☐ Andamanenseeschwalbe (Sterna dougallii korustes)

☐ Bangsseeschwalbe (Sterna dougallii bangsi)

☐ Molukkenseeschwalbe (Sterna dougallii gracilis)

☐ Flussseeschwalbe (Sterna hirundo)

☐ Tibetflussseeschwalbe (Sterna hirundo tibetana)

☐ Mongolische Flussseeschwalbe (Sterna hirundo minussensis)

☐ Sibirische Flussseeschwalbe (Sterna hirundo longipennis)

☐ Küstenseeschwalbe (Sterna paradisaea)

☐ Brandseeschwalbe (Thalasseus sandvicensis)

Familie: Pteroclidae (Flughühner)

☐ **Spießflughuhn (Pterocles alchata)**
> ☐ Afrikanisches Spießflughuhn (Pterocles alchata caudacutus)

☐ **Sandflughuhn (Pterocles orientalis)**
> ☐ Östliches Sandflughuhn (Pterocles orientalis arenarius)

Familie: Columbidae (Tauben)

☐ **Felsentaube (Columba livia)**
> ☐ Mauretanien-Felsentaube (Columba livia gymnocycla)
>
> ☐ Sudanfelsentaube (Columba livia targia)
>
> ☐ Ägyptenfelsentaube (Columba livia dakhlae)
>
> ☐ Schimpers Felsentaube (Columba livia schimperi)
>
> ☐ Palestinafelsentaube (Columba livia palaestinae)
>
> ☐ Türkische Felsentaube (Columba livia gaddi)
>
> ☐ Himalayafelsentaube (Columba livia neglecta)
>
> ☐ Sri Lankafelsentaube (Columba livia intermedia)

☐ **Hohltaube (Columba oenas)**
> ☐ Asiatische Hohltaube (Columba oenas yarkandensis)

☐ **Ringeltaube (Columba palumbus)**
> ☐ Azorenringeltaube (Columba palumbus azorica)
>
> ☐ Afrikanische Ringeltaube (Columba palumbus excelsa)
>
> ☐ Orientringeltaube (Columba palumbus iranica)
>
> ☐ Indische Ringeltaube (Columba palumbus casiotis)

☐ **Silberhalstaube (Columba trocaz)**

☐ **Bolles Lorbeertaube (Columba bollii)**

☐ **Lorbeertaube (Columba junoniae)**

☐ **Turteltaube (Streptopelia turtur)**
> ☐ Afrikanische Turteltaube (Streptopelia turtur arenicola)
>
> ☐ Saharaturteltaube (Streptopelia turtur hoggara)
>
> ☐ Ägyptenturteltaube (Streptopelia turtur rufescens)

☐ **Türkentaube (Streptopelia decaocto)**
> ☐ Chinesische Türkentaube (Streptopelia decaocto xanthocycla)

☐ **Lachtaube (Streptopelia roseogrisea)**
> ☐ Arabische Lachtaube (Streptopelia roseogrisea arabica)

☐ **Palmtaube (Spilopelia senegalensis)**
> ☐ Marokkopalmtaube (Spilopelia senegalensis phoenicophila)
>
> ☐ Nilpalmtaube (Spilopelia senegalensis aegyptiaca)
>
> ☐ Socotrapalmtaube (Spilopelia senegalensis sokotrae)
>
> ☐ Arabische Palmtaube (Spilopelia senegalensis cambayensis)
>
> ☐ Ermanns Palmtaube (Spilopelia senegalensis ermanni)

Familie: Cuculidae (Kuckucke)

- ☐ **Häherkuckuck (Clamator glandarius)**
- ☐ **Kuckuck (Cuculus canorus)**
    - ☐ Iberiakuckuck (Cuculus canorus bangsi)
    - ☐ Mongolenkuckuck (Cuculus canorus subtelephonus)
    - ☐ Chinakuckuck (Cuculus canorus bakeri)

Familie: Tytonidae (Schleiereulen)

- ☐ **Schleiereule (Tyto alba)**
    - ☐ Balkan-Schleiereule (Tyto alba guttata)
    - ☐ Sardenschleiereule (Tyto alba ernesti)
    - ☐ Zypern-Schleiereule (Tyto alba erlangeri)
    - ☐ Südafrikanische Schleiereule (Tyto alba affinis)
    - ☐ Madeira-Schleiereule (Tyto alba schmitzi)
    - ☐ Kanaren-Schleiereule (Tyto alba gracilirostris)
    - ☐ Kapverde-Schleiereule (Tyto alba detorta)
    - ☐ Bioko-Schleiereule (Tyto alba poensis)
    - ☐ Sao Tome-Schleiereule (Tyto alba thomensis)
    - ☐ Komoren-Schleiereule (Tyto alba hypermetra)
    - ☐ Indische Schleiereule (Tyto alba stertens)
    - ☐ Java-Schleiereule (Tyto alba javanica)
    - ☐ Amerikanische Schleiereule (Tyto alba pratincola)
    - ☐ Guatemala-Schleiereule (Tyto alba guatemalae)
    - ☐ Bay-Insel-Schleiereule (Tyto alba bondi)
    - ☐ Bahama-Schleiereule (Tyto alba lucayana)
    - ☐ Kuba-Schleiereule (Tyto alba niveicauda)
    - ☐ Jamaika-Schleiereule (Tyto alba furcata)
    - ☐ Dominica-Schleiereule (Tyto alba nigrescens)
    - ☐ Antillen-Schleiereule (Tyto alba insularis)
    - ☐ Harters Schleiereule (Tyto alba bargei)
    - ☐ Kelso-Schleiereule (Tyto alba subandeana)
    - ☐ Andenschleiereule (Tyto alba contempta)
    - ☐ Guyana-Schleiereule (Tyto alba hellmayri)
    - ☐ Brasilien-Schleiereule (Tyto alba tuidara)
    - ☐ Galapagos-Schleiereule (Tyto alba punctatissima)

☐ **Zwergohreule (Otus scops)**

    ☐ Iberische Zwergohreule (Otus scops mallorcae)

    ☐ Grieschische Zwergohreule (Otus scops cycladum)

    ☐ Zypernzwergohreule (Otus scops cyprius)

    ☐ Irakische Zwergohreule (Otus scops turanicus)

    ☐ Sibirische Zwergohreule (Otus scops pulchellus)

☐ **Uhu (Bubo bubo)**

    ☐ Spanischer Uhu (Bubo bubo hispanus)

    ☐ Türkenuhu (Bubo bubo interpositus)

    ☐ Nikolskis Uhu (Bubo bubo nikolskii)

    ☐ Europäischer Uhu (Bubo bubo ruthenus)

    ☐ Sibirischer Uhu (Bubo bubo sibiricus)

    ☐ Yenisseensuhu (Bubo bubo yenisseensis)

    ☐ Jakutensuhu (Bubo bubo jakutensis)

    ☐ Mongolenuhu (Bubo bubo turcomanus)

    ☐ Turkmenenuhu (Bubo bubo omissus)

    ☐ Himalayauhu (Bubo bubo hemachalanus)

    ☐ Tibetuhu (Bubo bubo tibetanus)

    ☐ Tarimenuhu (Bubo bubo tarimensis)

    ☐ Koreanischer Uhu (Bubo bubo kiautschensis)

    ☐ Ussuriuhu (Bubo bubo ussuriensis)

    ☐ Kurilenuhu (Bubo bubo borissowi)

☐ **Schneeeule (Bubo scandiacus)**

☐ **Sperbereule (Surnia ulula)**

    ☐ Asiatische Sperbereule (Surnia ulula tianschanica)

    ☐ Amerikanische Sperbereule (Surnia ulula caparoch)

☐ **Sperlingskauz (Glaucidium passerinum)**

    ☐ Orientsperlingskauz (Glaucidium passerinum orientale)

☐ **Steinkauz (Athene noctua)**

    ☐ Westeuropäischer Steinkauz (Athene noctua vidalii)

    ☐ Brehms Steinkauz (Athene noctua indigena)

    ☐ Sinaisteinkauz (Athene noctua lilith)

    ☐ Indischer Steinkauz (Athene noctua bactriana)

    ☐ Kasachischer Steinkauz (Athene noctua orientalis)

    ☐ Himalayasteinkauz (Athene noctua ludlowi)

    ☐ Chinesischer Steinkauz (Athene noctua impasta)

    ☐ Mongolensteinkauz (Athene noctua plumipes)

    ☐ Küstensteinkauz (Athene noctua glaux)

    ☐ Arabischer Steinkauz (Athene noctua saharae)

☐ Äthiopischer Steinkauz (Athene noctua spilogastra)

☐ Somalia-Steinkauz (Athene noctua somaliensis)

☐ Waldkauz (Strix aluco)

☐ Indischer Waldkauz (Strix aluco biddulphi)

☐ Usbekischer Waldkauz (Strix aluco harmsi)

☐ Mauretanischer Waldkauz (Strix aluco mauritanica)

☐ Iranischer Waldkauz (Strix aluco sanctinicolai)

☐ Sibirischer Waldkauz (Strix aluco siberiae)

☐ Südeuropäischer Waldkauz (Strix aluco sylvatica)

☐ Türkischer Waldkauz (Strix aluco willkonskii)

☐ Habichtskauz (Strix uralensis)

☐ Südeuropäischer Habichtskauz (Strix uralensis macroura)

☐ Osteuropäischer Habichtskauz (Strix uralensis liturata)

☐ Sibirischer Habichtskauz (Strix uralensis yenisseensis)

☐ Daurischer Habichtskauz (Strix uralensis daurica)

☐ Amur-Habichtskauz (Strix uralensis nikolskii)

☐ Japanischer Habichtskauz (Strix uralensis japonica)

☐ Hondo-Habichtskauz (Strix uralensis hondoensis)

☐ Momiyama-Habichtskauz (Strix uralensis momiyamae)

☐ Honshu-Habichtskauz (Strix uralensis fuscescens)

☐ Bartkauz (Strix nebulosa)

☐ Lapplandbartkauz (Strix nebulosa lapponica)

☐ Waldohreule (Asio otus)

☐ Kanaren-Waldohreule (Asio otus canariensis)

☐ Amerikanische Waldohreule (Asio otus tuftsi)

☐ Lessons Waldohreule (Asio otus wilsonianus)

☐ Sumpfohreule (Asio flammeus)

☐ Kubanische Sumpfohreule (Asio flammeus cubensis)

☐ Hispaniola-Sumpfohreule (Asio flammeus domingensis)

☐ Puerto Rico-Sumpfohreule (Asio flammeus portoricensis)

☐ Bogota-Sumpfohreule (Asio flammeus bogotensis)

☐ Galapagos-Sumpfohreule (Asio flammeus galapagoensis)

☐ Surinam-Sumpfohreule (Asio flammeus pallidicaudus)

☐ Peruanische Sumpfohreule (Asio flammeus suinda)

☐ Sanfords Sumpfohreule (Asio flammeus sanfordi)

☐ Hawaii-Sumpfohreule (Asio flammeus sandwichensis)

☐ Ponapen-Sumpfohreule (Asio flammeus ponapensis)

☐ Rauhfußkauz (Aegolius funereus)

☐ Richardsons Rauhfußkauz (Aegolius funereus richardsoni)

☐ Großer Rauhfußkauz (Aegolius funereus magnus)

☐ Sibirischer Rauhfußkauz (Aegolius funereus sibiricus)

☐ Schalows Rauhfußkauz (Aegolius funereus pallens)

☐ Kaukasus-Rauhfußkauz (Aegolius funereus caucasicus)

☐ Indischer Rauhfußkauz (Aegolius funereus beickianus)

Familie: Caprimulgidae (Nachtschwalben)

☐ Rothals-Ziegenmelker (Caprimulgus ruficollis)

☐ Wüstenziegenmelker (Caprimulgus ruficollis desertorum)

☐ Ziegenmelker (Caprimulgus europaeus)

☐ Südlicher Ziegenmelker (Caprimulgus europaeus meridionalis)

☐ Sibirischer Ziegenmelker (Caprimulgus europaeus sarudnyi)

☐ Turkmenischer Ziegenmelker (Caprimulgus europaeus unwini)

☐ Chinesischer Ziegenmelker (Caprimulgus europaeus plumipes)

☐ Mongolischer Ziegenmelker (Caprimulgus europaeus dementievi)

Familie: Apodidae (Segler)

☐ Alpensegler (Tachymarptis melba)

☐ Östlicher Alpensegler (Tachymarptis melba tuneti)

☐ Archers Alpensegler (Tachymarptis melba archeri)

☐ Großer Alpensegler (Tachymarptis melba maximus)

☐ Afrikanischer Alpensegler (Tachymarptis melba africanus)

☐ Namibia-Alpensegler (Tachymarptis melba marjoriae)

☐ Madagaskar-Alpensegler (Tachymarptis melba willsi)

☐ Himalaya-Alpensegler (Tachymarptis melba nubifugus)

☐ Indischer Alpensegler (Tachymarptis melba dorabtatai)

☐ Sri Lanka-Alpensegler (Tachymarptis melba bakeri)

☐ Mauersegler (Apus apus)

☐ Chinesischer Mauersegler (Apus apus pekinensis)

☐ Einfarbsegler (Apus unicolor)

☐ Fahlsegler (Apus pallidus)

☐ Kanarischer Fahlsegler (Apus pallidus brehmorum)

☐ Balkan-Fahlsegler (Apus pallidus illyricus)

☐ Stubbstjärtsegler (Apus affinis)

☐ Afrikanischer Zwergsegler (Apus affinis galilejensis)

☐ Guinea-Zwergsegler (Apus affinis bannermani)

☐ Mauretanien-Zwergsegler (Apus affinis aerobates)

☐ Angola-Zwergsegler (Apus affinis theresae)

☐ Indischer Zwergsegler (Apus affinis singalensis)

☐ Kaffernsegler (Apus caffer)

Familie: Alcedinidae (Eisvögel)

- ☐ **Eisvogel (Alcedo atthis)**
    - ☐ Europäischer Eisvogel (Alcedo atthis ispida)
    - ☐ Bengaleneisvogel (Alcedo atthis bengalensis)
    - ☐ Sri Lanka-Eisvogel (Alcedo atthis taprobana)
    - ☐ Floreseisvogel (Alcedo atthis floresiana)
    - ☐ Molukkeneisvogel (Alcedo atthis hispidoides)
    - ☐ Salomoneneisvogel (Alcedo atthis salomonensis)

Familie: Meropidae (Bienenfresser)

- ☐ **Bienenfresser (Merops apiaster)**

Familie: Coraciidae (Racken)

- ☐ **Blauracke (Coracias garrulus)**
    - ☐ Himalayablauracke (Coracias garrulus semenowi)

Familie: Upupidae (Wiedehopfe)

- ☐ **Wiedehopf (Upupa epops)**
    - ☐ Indischer Wiedehopf (Upupa epops ceylonensis)
    - ☐ Indochinesischer Wiedehopf (Upupa epops longirostris)
    - ☐ Großer Wiedehopf (Upupa epops major)
    - ☐ Senegal-Wiedehopf (Upupa epops senegalensis)
    - ☐ Reichenows Wiedehopf (Upupa epops waibeli)

Familie: Picidae (Spechte)

- ☐ **Wendehals (Jynx torquilla)**
    - ☐ Sibirischer Wendehals (Jynx torquilla sarudnyi)
    - ☐ Chinesischer Wendehals (Jynx torquilla chinensis)
    - ☐ Himalaya-Wendehals (Jynx torquilla himalayana)
    - ☐ Südeuropäischer Wendehals (Jynx torquilla tschusii)
    - ☐ Afrikanischer Wendehals (Jynx torquilla mauretanica)
- ☐ **Kleinspecht (Dendrocopos minor)**
    - ☐ Englischer Kleinspecht (Dendrocopos minor comminutus)
    - ☐ Kamschatka-Kleinspecht (Dendrocopos minor kamtschatkensis)
    - ☐ Basin-Kleinspecht (Dendrocopos minor immaculatus)
    - ☐ Amur-Kleinspecht (Dendrocopos minor amurensis)

☐ Europäischer Kleinspecht (Dendrocopos minor hortorum)

☐ Südeuropäischer Kleinspecht (Dendrocopos minor buturlini)

☐ Grieschischer Kleinspecht (Dendrocopos minor danfordi)

☐ Kaukasus-Kleinspecht (Dendrocopos minor colchicus)

☐ Aserbaidschan-Kleinspecht (Dendrocopos minor quadrifasciatus)

☐ Iranischer Kleinspecht (Dendrocopos minor hyrcanus)

☐ Morgans Kleinspecht (Dendrocopos minor morgani)

☐ Afrikanischer Kleinspecht (Dendrocopos minor ledouci)

☐ **Mittelspecht (Dendrocopos medius)**

☐ Kaukasus-Mittelspecht (Dendrocopos medius caucasicus)

☐ Anatolien-Mittelspecht (Dendrocopos medius anatoliae)

☐ Zagros-Mittelspecht (Dendrocopos medius sanctijohannis)

☐ **Weißrückenspecht (Dendrocopos leucotos)**

☐ Ural-Weißrückenspecht (Dendrocopos leucotos uralensis)

☐ Lilfords Weißrückenspecht (Dendrocopos leucotos lilfordi)

☐ Chinesischer Weißrückenspecht (Dendrocopos leucotos tangi)

☐ Hokkaido-Weißrückenspecht (Dendrocopos leucotos subcirris)

☐ Honshu-Weißrückenspecht (Dendrocopos leucotos stejnegeri)

☐ Shikoku-Weißrückenspecht (Dendrocopos leucotos namiyei)

☐ Koreanischer Weißrückenspecht (Dendrocopos leucotos takahashii)

☐ Ryukyu-Weißrückenspecht (Dendrocopos leucotos owstoni)

☐ Jejudo-Weißrückenspecht (Dendrocopos leucotos quelpartensis)

☐ Fohkien-Weißrückenspecht (Dendrocopos leucotos fohkiensis)

☐ Taiwan-Weißrückenspecht (Dendrocopos leucotos insularis)

☐ **Buntspecht (Dendrocopos major)**

☐ Sibirienbuntspecht (Dendrocopos major brevirostris)

☐ Kamschatkabuntspecht (Dendrocopos major kamtschaticus)

☐ Englischer Buntspecht (Dendrocopos major anglicus)

☐ Europäischer Buntspecht (Dendrocopos major pinetorum)

☐ Korsikabuntspecht (Dendrocopos major parroti)

☐ Sardenbuntspecht (Dendrocopos major harterti)

☐ Italienbuntspecht (Dendrocopos major italiae)

☐ Iberiabuntspecht (Dendrocopos major hispanus)

☐ Kanaren-Buntspecht (Dendrocopos major canariensis)

☐ Thanners Buntspecht (Dendrocopos major thanneri)

☐ Marokkobuntspecht (Dendrocopos major mauritanus)

☐ Algerien-Buntspecht (Dendrocopos major numidus)

☐ Stresemanns Buntspecht (Dendrocopos major candidus)

☐ Türkischer Buntspecht (Dendrocopos major paphlagoniae)

☐ Kaukasus-Buntspecht (Dendrocopos major tenuirostris)

☐ Poelzams Buntspecht (Dendrocopos major poelzami)

☐ Japanischer Buntspecht (Dendrocopos major japonicus)

☐ Mongolischer Buntspecht (Dendrocopos major wulashanicus)

☐ Cabanis-Buntspecht (Dendrocopos major cabanisi)

☐ Chinesischer Buntspecht (Dendrocopos major beicki)

☐ Mandarinbuntspecht (Dendrocopos major mandarinus)

☐ Indischer Buntspecht (Dendrocopos major stresemanni)

☐ Hainan-Buntspecht (Dendrocopos major hainanus)

☐ **Blutspecht (Dendrocopos syriacus)**

☐ Transkaukasus-Blutspecht (Dendrocopos syriacus transcaucasicus)

☐ Millers Blutspecht (Dendrocopos syriacus milleri)

☐ **Dreizehenspecht (Picoides tridactylus)**

☐ Europäischer Dreizehenspecht (Picoides tridactylus alpinus)

☐ Ural-Dreizehenspecht (Picoides tridactylus crissoleucus)

☐ Kamschatka-Dreizehenspecht (Picoides tridactylus albidior)

☐ Chinesischer Dreizehenspecht (Picoides tridactylus tianschanicus)

☐ Koreanischer Dreizehenspecht (Picoides tridactylus kurodai)

☐ Japanischer Dreizehenspecht (Picoides tridactylus inouyei)

☐ Verreaux-Dreizehenspecht (Picoides tridactylus funebris)

☐ **Schwarzspecht (Dryocopus martius)**

☐ Asiatischer Schwarzspecht (Dryocopus martius khamensis)

☐ **Grünspecht (Picus viridis)**

☐ Karelins Grünspecht (Picus viridis karelini)

☐ Iranischer Grünspecht (Picus viridis innominatus)

☐ **Grauspecht (Picus canus)**

☐ Koreanischer Grauspecht (Picus canus jessoensis)

☐ Kogograuspecht (Picus canus kogo)

☐ Chinesischer Grauspecht (Picus canus guerini)

☐ Vietnam-Grauspecht (Picus canus sobrinus)

☐ Hainan-Grauspecht (Picus canus tancolo)

☐ Tibet-Grauspecht (Picus canus sordidior)

☐ Indischer Grauspecht (Picus canus sanguiniceps)

☐ Indochinesischer Grauspecht (Picus canus hessei)

☐ Malayischer Grauspecht (Picus canus robinsoni)

☐ Sumatra-Grauspecht (Picus canus dedemi)

Familie: Falconidae (Falkenartige)

☐ **Rötelfalke (Falco naumanni)**

☐ **Turmfalke (Falco tinnunculus)**

☐ Clarks Turmfalke (Falco tinnunculus perpallidus)

☐ Himalaya-Turmfalke (Falco tinnunculus interstinctus)

☐ Indischer Turmfalke (Falco tinnunculus objurgatus)

☐ Kanarischer Turmfalke (Falco tinnunculus canariensis)

☐ Ostkanaren-Turmfalke (Falco tinnunculus dacotiae)

☐ Kap Verde- Turmfalke (Falco tinnunculus neglectus)

☐ Alexander-Turmfalke (Falco tinnunculus alexandri)

☐ Jemen-Turmfalke (Falco tinnunculus rupicolaeformis)

☐ Archerfalke (Falco tinnunculus archeri)

☐ Afrikanischer Turmfalke (Falco tinnunculus rufescens)

☐ **Rotfußfalke (Falco vespertinus)**

☐ **Eleonorenfalke (Falco eleonorae)**

☐ **Merlin (Falco columbarius)**

☐ Islandmerlin (Falco columbarius subaesalon)

☐ Europäischer Merlin (Falco columbarius aesalon)

☐ Indochina-Merlin (Falco columbarius insignis)

☐ Pazifikmerlin (Falco columbarius pacificus)

☐ Kaukasusmerlin (Falco columbarius pallidus)

☐ Altaimerlin (Falco columbarius lymani)

☐ Amerikanischer Merlin (Falco columbarius suckleyi)

☐ Richardsons Merlin (Falco columbarius richardsonii)

☐ **Baumfalke (Falco subbuteo)**

☐ Laosbaumfalke (Falco subbuteo streichi)

☐ **Lannerfalke (Falco biarmicus)**

☐ Feldeggs Lannerfalke (Falco biarmicus feldeggii)

☐ Erlangers Lannerfalke (Falco biarmicus erlangeri)

☐ Arabischer Lannerfalke (Falco biarmicus tanypterus)

☐ Zentralafrikanischer Lannerfalke (Falco biarmicus abyssinicus)

☐ **Sakerfalke (Falco cherrug)**

☐ Altai-Sakerfalke (Falco cherrug coatsi)

☐ Hendersons-Sakerfalke (Falco cherrug hendersoni)

☐ Himalaya-Sakerfalke (Falco cherrug milvipes)

☐ **Gerfalke (Falco rusticolus)**

☐ **Wanderfalke (Falco peregrinus)**

☐ Tundra Wanderfalke (Falco peregrinus tundrius)

☐ Nordamerikanischer Wanderfalke (Falco peregrinus pealei)

☐ Amerikanischer Wanderfalke (Falco peregrinus anatum)

☐ Cassini-Wanderfalke (Falco peregrinus cassini)

☐ Sibirischer Wanderfalke (Falco peregrinus calidus)

☐ Japanischer Wanderfalke (Falco peregrinus japonensis)

☐ Brookei-Wanderfalke (Falco peregrinus brookei)

☐ Sri Lanka-Wanderfalke (Falco peregrinus peregrinator)

☐ Volcano-Wanderfalke (Falco peregrinus furuitii)

☐ Kap Verde-Wanderfalke (Falco peregrinus madens)

☐ Kleiner Wanderfalke (Falco peregrinus minor)

☐ Madagaskar-Wanderfalke (Falco peregrinus radama)

☐ Indonesischer Wanderfalke (Falco peregrinus ernesti)

☐ Australischer Wanderfalke (Falco peregrinus macropus)

☐ Neukaledonien-Wanderfalke (Falco peregrinus nesiotes)

☐ **Wüstenfalke (Falco pelegrinoides)**

☐ Babylonfalke (Falco pelegrinoides babylonicus)

Familie: Psittacidae (Eigentliche Papageien)

☐ **Halsbandsittich (Psittacula krameri)**

☐ Abessinischer Halsbandsittich (Psittacula krameri parvirostris)

☐ Neumanns Halsbandsittich (Psittacula krameri borealis)

☐ Indischer Halsbandsittich (Psittacula krameri manillensis)

☐ **Pfirsichköpfchen (Agapornis fischeri)**

☐ **Schwarzköpfchen (Agapornis personatus)**

☐ **Mönchssittich (Myiopsitta monachus)**

☐ Bolivianischer Mönchssittich (Myiopsitta monachus luchsi)

☐ Amazonas-Mönchssittich (Myiopsitta monachus cotorra)

☐ Argentinischer Mönchssittich (Myiopsitta monachus calita)

Familie: Laniidae (Eigentliche Würger)

☐ **Neuntöter (Lanius collurio)**

☐ Südlicher Neuntöter (Lanius collurio kobylini)

☐ **Raubwürger (Lanius excubitor)**

☐ Südeuropäischer Raubwürger (Lanius excubitor homeyeri)

☐ Kurilen-Raubwürger (Lanius excubitor bianchii)

☐ Mongolen-Raubwürger (Lanius excubitor mollis)

☐ China-Raubwürger (Lanius excubitor funereus)

☐ Sibirien-Raubwürger (Lanius excubitor sibiricus)

☐ Alaska-Raubwürger (Lanius excubitor borealis)

☐ **Schwarzstirnwürger (Lanius minor)**

☐ **Mittelmeer-Raubwürger (Lanius meridionalis)**

☐ Kanarenraubwürger (Lanius meridionalis koenigi)

☐ Nordafrikanischer Raubwürger (Lanius meridionalis algeriensis)

☐ Ägypten-Raubwürger (Lanius meridionalis elegans)

☐ Sudan-Raubwürger (Lanius meridionalis leucopygos)

☐ Somalia-Raubwürger (Lanius meridionalis aucheri)

☐ Darfur-Raubwürger (Lanius meridionalis jebelmarrae)

☐ Libanon-Raubwürger (Lanius meridionalis theresae)

☐ Jemen-Raubwürger (Lanius meridionalis buryi)

☐ Socotra-Raubwürger (Lanius meridionalis uncinatus)

☐ Indischer Raubwürger (Lanius meridionalis lahtora)

☐ **Maskenwürger (Lanius nubicus)**

☐ **Rotkopfwürger (Lanius senator)**

☐ Spanischer Rotkopfwürger (Lanius senator rutilans)

☐ Mittelmeerrotkopfwürger (Lanius senator badius)

☐ Nilrotkopfwürger (Lanius senator niloticus)

Familie: Oriolidae (Pirole)

☐ **Pirol (Oriolus oriolus)**

Familie: Corvidae (Rabenvögel)

☐ **Unglückshäher (Perisoreus infaustus)**

☐ Osteuropäischer Unglückshäher (Perisoreus infaustus ostjakorum)

☐ Buturlins Unglückshäher (Perisoreus infaustus yakutensis)

☐ Russischer Unglückshäher (Perisoreus infaustus ruthenus)

☐ Chinesischer Unglückshäher (Perisoreus infaustus opicus)

☐ Sibirischer Unglückshäher (Perisoreus infaustus sibericus)

☐ Tkachenkos Unglückshäher (Perisoreus infaustus tkachenkoi)

☐ Ostsibirischer Unglückshäher (Perisoreus infaustus maritimus)

☐ **Eichelhäher (Garrulus glandarius)**

☐ Irlandeichelhäher (Garrulus glandarius hibernicus)

☐ Englandeichelhäher (Garrulus glandarius rufitergum)

☐ Iberischer Eichelhäher (Garrulus glandarius fasciatus)

☐ Korsikaeichelhäher (Garrulus glandarius corsicanus)

☐ Sardinieneichelhäher (Garrulus glandarius ichnusae)

☐ Italienischer Eichelhäher (Garrulus glandarius albipectus)

☐ Balkaneichelhäher (Garrulus glandarius graecus)

☐ Türkeneichelhäher (Garrulus glandarius ferdinandi)

☐ Kretaeichelhäher (Garrulus glandarius cretorum)

☐ Zyperneichelhäher (Garrulus glandarius glaszneri)

☐ Algerieneichelhäher (Garrulus glandarius whitakeri)

☐ Atlaseichelhäher (Garrulus glandarius minor)

☐ Tunesieneichelhäher (Garrulus glandarius cervicalis)

☐ Samoseichelhäher (Garrulus glandarius samios)

☐ Iraneichelhäher (Garrulus glandarius anatoliae)

☐ Krimeichelhäher (Garrulus glandarius iphigenia)

☐ Kaukasuseichelhäher (Garrulus glandarius krynicki)

☐ Syrieneichelhäher (Garrulus glandarius atricapillus)

☐ Aserbaidschaneichelhäher (Garrulus glandarius hyrcanus)

☐ Brants Eichelhäher (Garrulus glandarius brandtii)

☐ Chinesischer Eichelhäher (Garrulus glandarius kansuensis)

☐ Pekingeichelhäher (Garrulus glandarius pekingensis)

☐ Japaneichelhäher (Garrulus glandarius japonicus)

☐ Honshueichelhäher (Garrulus glandarius tokugawae)

☐ Kyushueichelhäher (Garrulus glandarius hiugaensis)

☐ Yakushimaeichelhäher (Garrulus glandarius orii)

☐ Myanmareichelhäher (Garrulus glandarius sinensis)

☐ Taiwaneichelhäher (Garrulus glandarius taivanus)

☐ Nepaleichelhäher (Garrulus glandarius bispecularis)

☐ Himalayaeichelhäher (Garrulus glandarius interstinctus)

☐ Sharps Eichelhäher (Garrulus glandarius oatesi)

☐ Rippons Eichelhäher (Garrulus glandarius haringtoni)

☐ Indochinesischer Eichelhäher (Garrulus glandarius leucotis)

☐ **Blauelster (Cyanopica cooki)**

☐ **Azurelster (Cyanopica cyanus)**

☐ Stegmanns Azurelster (Cyanopica cyanus stegmanni)

☐ Koreanische Azurelster (Cyanopica cyanus koreensis)

☐ Japanische Azurelster (Cyanopica cyanus japonica)

☐ Gansu-Azurelster (Cyanopica cyanus kansuensis)

☐ Ningxia-Azurelster (Cyanopica cyanus interposita)

☐ Swinhoes Azurelster (Cyanopica cyanus swinhoei)

☐ **Elster (Pica pica)**

☐ Skandinavienelster (Pica pica fennorum)

☐ Iberiaelster (Pica pica melanotos)

☐ Mauretanische Elster (Pica pica mauritanica)

☐ Arabische Elster (Pica pica asirensis)

☐ Mongolenelster (Pica pica bactriana)

☐ Sibirienelster (Pica pica hemileucoptera)

☐ Goulds Elster (Pica pica leucoptera)

☐ Kamschatkaelster (Pica pica camtschatica)

☐ Indochina-Elster (Pica pica serica)

☐ Delesserts Elster (Pica pica bottanensis)

☐ **Tannenhäher (Nucifraga caryocatactes)**

☐ Ural-Tannenhäher (Nucifraga caryocatactes macrorhynchos)

☐ Kasachstan-Tannenhäher (Nucifraga caryocatactes rothschildi)

☐ Japanischer Tannenhäher (Nucifraga caryocatactes japonica)

☐ Taiwan-Tannenhäher (Nucifraga caryocatactes owstoni)

☐ Chinesischer Tannenhäher (Nucifraga caryocatactes interdicta)

☐ Himalaya-Tannenhäher (Nucifraga caryocatactes hemispila)

☐ Myanmar-Tannenhäher (Nucifraga caryocatactes macella)

☐ Alpenkrähe (Pyrrhocorax pyrrhocorax)

☐ Iberische Alpenkrähe (Pyrrhocorax pyrrhocorax erythroramphos)

☐ Kanarische Alpenkrähe (Pyrrhocorax pyrrhocorax barbarus)

☐ Osteuropäische Alpenkrähe (Pyrrhocorax pyrrhocorax docilis)

☐ Asiatische Alpenkrähe (Pyrrhocorax pyrrhocorax centralis)

☐ Himalaya-Alpenkrähe (Pyrrhocorax pyrrhocorax himalayanus)

☐ Chinesische Alpenkrähe (Pyrrhocorax pyrrhocorax brachypus)

☐ Äthiopische Alpenkrähe (Pyrrhocorax pyrrhocorax baileyi)

☐ Alpendohle (Pyrrhocorax graculus)

☐ Türkische Alpendohle (Pyrrhocorax graculus digitatus)

☐ Asiatische Alpendohle (Pyrrhocorax graculus forsythi)

☐ Dohle (Coloeus monedula)

☐ Europäische Dohle (Coloeus monedula spermologus)

☐ Osteuropäische Dohle (Coloeus monedula soemmerringii)

☐ Nordafrikanische Dohle (Coloeus monedula cirtensis)

☐ Saatkrähe (Corvus frugilegus)

☐ Asiatische Saatkrähe (Corvus frugilegus pastinator)

☐ Rabenkrähe (Corvus corone)

☐ Östliche Rabenkrähe (Corvus corone orientalis)

☐ Nebelkrähe (Corvus cornix)

☐ Sharps Nebelkrähe (Corvus cornix sharpii)

☐ Ägyptische Nebelkrähe (Corvus cornix pallescens)

☐ Sclaters Nebelkrähe (Corvus cornix capellanus)

☐ Kolkrabe (Corvus corax)

☐ Alaska-Kolkrabe (Corvus corax principalis)

☐ Nordamerikanischer Kolkrabe (Corvus corax sinuatus)

☐ Kalifornischer Kolkrabe (Corvus corax clarionensis)

☐ Islandkolkrabe (Corvus corax varius)

☐ Iberischer Kolkrabe (Corvus corax hispanus)

☐ Grieschischer Kolkrabe (Corvus corax laurencei)

☐ Nordafrikanischer Kolkrabe (Corvus corax tingitanus)

☐ Kanarischer Kolkrabe (Corvus corax canariensis)

☐ Asiatischer Kolkrabe (Corvus corax tibetanus)

☐ Kamschatkakolkrabe (Corvus corax kamtschaticus)

Familie: Panuridae (Bartmeisen)

☐ **Bartmeise (Panurus biarmicus)**
    ☐ Türkische Bartmeise (Panurus biarmicus kosswigi)
    ☐ Eurasische Bartmeise (Panurus biarmicus russicus)

Familie: Alaudidae (Lerchen)

☐ **Dupontlerche (Chersophilus duponti)**
    ☐ Margaritas Dupontlerche (Chersophilus duponti margaritae)
☐ **Kurzzehenlerche (Calandrella brachydactyla)**
    ☐ Ungarische Kurzzehenlerche (Calandrella brachydactyla hungarica)
    ☐ Nordafrikanische Kurzzehenlerche (Calandrella brachydactyla rubiginosa)
    ☐ Türkische Kurzzehenlerche (Calandrella brachydactyla hermonensis)
    ☐ Wolters Kurzzehenlerche (Calandrella brachydactyla woltersi)
    ☐ Transkaukasische Kurzzehenlerche (Calandrella brachydactyla artemisiana)
    ☐ Sibirische Kurzzehenlerche (Calandrella brachydactyla longipennis)
    ☐ Mogolische Kurzzehenlerche (Calandrella brachydactyla orientalis)
    ☐ Chinesische Kurzzehenlerche (Calandrella brachydactyla dukhunensis)
☐ **Haubenlerche (Galerida cristata)**
    ☐ Iberische Haubenlerche (Galerida cristata pallida)
    ☐ Neumanns Haubenlerche (Galerida cristata neumanni)
    ☐ Sizilien-Haubenlerche (Galerida cristata apuliae)
    ☐ Grieschische Haubenlerche (Galerida cristata meridionalis)
    ☐ Zypern-Haubenlerche (Galerida cristata cypriaca)
    ☐ Brehms Haubenlerche (Galerida cristata tenuirostris)
    ☐ Türkische Haubenlerche (Galerida cristata caucasica)
    ☐ Kleinschmidts Haubenlerche (Galerida cristata kleinschmidti)
    ☐ Riggenbachs Haubenlerche (Galerida cristata riggenbachi)
    ☐ Marokko-Haubenlerche (Galerida cristata carthaginis)
    ☐ Algerien-Haubenlerche (Galerida cristata arenicola)
    ☐ Libyen-Haubenlerche (Galerida cristata festae)
    ☐ Arabische Haubenlerche (Galerida cristata brachyura)
    ☐ Helenas Haubenlerche (Galerida cristata helenae)
    ☐ Jordans Haubenlerche (Galerida cristata jordansi)
    ☐ Nil-Haubenlerche (Galerida cristata nigricans)
    ☐ Ägypten-Haubenlerche (Galerida cristata maculata)
    ☐ Halfa-Haubenlerche (Galerida cristata halfae)
    ☐ Sudan-Haubenlerche (Galerida cristata altirostris)
    ☐ Somalia-Haubenlerche (Galerida cristata somaliensis)
    ☐ Balsac-Haubenlerche (Galerida cristata balsaci)

☐ Senegal-Haubenlerche (Galerida cristata senegallensis)

☐ Alexanders Haubenlerche (Galerida cristata alexanderi)

☐ Isabellhaubenlerche (Galerida cristata isabellina)

☐ Libanon-Haubenlerche (Galerida cristata cinnamomina)

☐ Israelische Haubenlerche (Galerida cristata zion)

☐ Turkmenische Haubenlerche (Galerida cristata subtaurica)

☐ Mongolische Haubenlerche (Galerida cristata magna)

☐ Chinesische Haubenlerche (Galerida cristata leautungensis)

☐ Koreanische Haubenlerche (Galerida cristata coreensis)

☐ Iwanows Haubenlerche (Galerida cristata iwanowi)

☐ Pakistanische Haubenlerche (Galerida cristata lynesi)

☐ Indische Haubenlerche (Galerida cristata chendoola)

☐ Feldlerche (Alauda arvensis)

☐ Iberiafeldlerche (Alauda arvensis sierrae)

☐ Harters Feldlerche (Alauda arvensis harterti)

☐ Südeuropäische Feldlerche (Alauda arvensis cantarella)

☐ Armenische Feldlerche (Alauda arvensis armenica)

☐ Sibirische Feldlerche (Alauda arvensis dulcivox)

☐ Mongolische Feldlerche (Alauda arvensis kiborti)

☐ Koreanische Feldlerche (Alauda arvensis intermedia)

☐ Kamtschatka-Feldlerche (Alauda arvensis pekinensis)

☐ Sakhalin-Feldlerche (Alauda arvensis lonnbergi)

☐ Japan-Feldlerche (Alauda arvensis japonica)

☐ Heidelerche (Lullula arborea)

☐ Südliche Heidelerche (Lullula arborea pallida)

☐ Ohrenlerche (Eremophila alpestris)

☐ Alaska-Ohrenlerche (Eremophila alpestris arcticola)

☐ Hoyts Ohrenlerche (Eremophila alpestris hoyti)

☐ Merrills Ohrenlerche (Eremophila alpestris merrilli)

☐ Westkanada-Ohrenlerche (Eremophila alpestris strigata)

☐ Washington-Ohrenlerche (Eremophila alpestris alpina)

☐ Gebirgsohrenlerche (Eremophila alpestris lamprochroma)

☐ Alberta-Ohrenlerche (Eremophila alpestris leucolaema)

☐ Oklahoma-Ohrenlerche (Eremophila alpestris enthymia)

☐ Südkanada-Ohrenlerche (Eremophila alpestris praticola)

☐ Oberholsers Ohrenlerche (Eremophila alpestris sierrae)

☐ Kalifonische Ohrenlerche (Eremophila alpestris rubea)

☐ Utha-Ohrenlerche (Eremophila alpestris utahensis)

☐ Insel-Ohrenlerche (Eremophila alpestris insularis)

☐ Baja California-Ohrenlerche (Eremophila alpestris actia)

☐ Nevada-Ohrenlerche (Eremophila alpestris ammophila)

□ Arizona-Ohrenlerche (Eremophila alpestris leucansiptila)

□ Östliche Ohrenlerche (Eremophila alpestris occidentalis)

□ New Mexiko-Ohrenlerche (Eremophila alpestris adusta)

□ Mexikanische Ohrenlerche (Eremophila alpestris enertera)

□ Henshaws Ohrenlerche (Eremophila alpestris giraudi)

□ Chihuahua-Ohrenlerche (Eremophila alpestris aphrasta)

□ Coahuila-Ohrenlerche (Eremophila alpestris lactea)

□ Puebla-Ohrenlerche (Eremophila alpestris diaphora)

□ Waglers Ohrenlerche (Eremophila alpestris chrysolaema)

□ Oaxaca-Ohrenlerche (Eremophila alpestris oaxacae)

□ Kolumbische Ohrenlerche (Eremophila alpestris peregrina)

□ Eurasische Ohrenlerche (Eremophila alpestris flava)

□ Brandts Ohrenlerche (Eremophila alpestris brandti)

□ Atlas-Ohrenlerche (Eremophila alpestris atlas)

□ Baikal-Ohrenlerche (Eremophila alpestris balcanica)

□ Kleinasien-Ohrenlerche (Eremophila alpestris kumerloevei)

□ Kaukasus-Ohrenlerche (Eremophila alpestris penicillata)

□ Libanon-Ohrenlerche (Eremophila alpestris bicornis)

□ Turkmenische Ohrenlerche (Eremophila alpestris albigula)

□ Chinesische Ohrenlerche (Eremophila alpestris argalea)

□ Teleschow-Ohrenlerche (Eremophila alpestris teleschowi)

□ Przewalskis Ohrenlerche (Eremophila alpestris przewalskii)

□ Qinghai-Ohrenlerche (Eremophila alpestris nigrifrons)

□ Himalaya-Ohrenlerche (Eremophila alpestris longirostris)

□ Tibet-Ohrenlerche (Eremophila alpestris elwesi)

□ Südchinesische Ohrenlerche (Eremophila alpestris khamensis)

□ **Theklalerche (Galerida theklae)**

□ Erlangers Theklalerche (Galerida theklae erlangeri)

□ Marokko-Theklalerche (Galerida theklae ruficolor)

□ Theresas Theklalerche (Galerida theklae theresae)

□ Algerien-Theklalerche (Galerida theklae superflua)

□ Carolinas Theklalerche (Galerida theklae carolinae)

□ Harrare-Theklalerche (Galerida theklae harrarensis)

□ Äthiopien-Theklalerche (Galerida theklae huei)

□ Eritrea-Theklalerche (Galerida theklae praetermissa)

□ Elliots Theklalerche (Galerida theklae ellioti)

□ Somalia-Theklalerche (Galerida theklae mallablensis)

□ Kenia-Theklalerche (Galerida theklae huriensis)

□ **Kalanderlerche (Melanocorypha calandra)**

□ Harters Kalanderlerche (Melanocorypha calandra psammochroa)

□ Gaza-Kalanderlerche (Melanocorypha calandra gaza)

□ Syrien-Kalanderlerche (Melanocorypha calandra hebraica)

Familie: Hirundinidae (Schwalben)

- ☐ **Uferschwalbe (Riparia riparia)**
    - ☐ Kasachstan-Uferschwalbe (Riparia riparia innominata)
    - ☐ Sibirien-Uferschwalbe (Riparia riparia taczanowskii)
    - ☐ Japan-Uferschwalbe (Riparia riparia ijimae)
    - ☐ Ägypten-Uferschwalbe (Riparia riparia shelleyi)
    - ☐ Asiatische Uferschwalbe (Riparia riparia eilata)
- ☐ **Fahluferschwalbe (Riparia diluta)**
    - ☐ Sibirische Fahluferschwalbe (Riparia diluta gavrilovi)
    - ☐ Baikal-Fahluferschwalbe (Riparia diluta transbaykalica)
    - ☐ Indische Fahluferschwalbe (Riparia diluta indica)
    - ☐ Tibet-Fahluferschwalbe (Riparia diluta tibetana)
    - ☐ Chinesische Fahluferschwalbe (Riparia diluta fohkienensis)
- ☐ **Felsenschwalbe (Ptyonoprogne rupestris)**
- ☐ **Rauchschwalbe (Hirundo rustica)**
    - ☐ Libanon-Rauchschwalbe (Hirundo rustica transitiva)
    - ☐ Ägypten-Rauchschwalbe (Hirundo rustica savignii)
    - ☐ Japan-Rauchschwalbe (Hirundo rustica gutturalis)
    - ☐ Jerdons Rauchschwalbe (Hirundo rustica tytleri)
    - ☐ Sibirische Rauchschwalbe (Hirundo rustica saturata)
    - ☐ Amerikanische Rauchschwalbe (Hirundo rustica erythrogaster)
- ☐ **Rötelschwalbe (Cecropis daurica)**
    - ☐ Japan-Rötelschwalbe (Cecropis daurica japonica)
    - ☐ Himalaya-Rötelschwalbe (Cecropis daurica nipalensis)
    - ☐ Indische Rötelschwalbe (Cecropis daurica erythropygia)
    - ☐ Südeuropa-Rötelschwalbe (Cecropis daurica rufula)
    - ☐ Äthiopien-Rötelschwalbe (Cecropis daurica melanocrissus)
    - ☐ Kamerun-Rötelschwalbe (Cecropis daurica kumboensis)
    - ☐ Kenia-Rötelschwalbe (Cecropis daurica emini)
- ☐ **Mehlschwalbe (Delichon urbicum)**
    - ☐ Afrikanische Mehlschwalbe (Delichon urbicum meridionale)
    - ☐ Asiatische Mehlschwalbe (Delichon urbicum lagopodum)

Familie: Paridae (Meisen)

- ☐ **Balkanmeise (Poecile lugubris)**
    - ☐ Griechische Balkanmeise (Poecile lugubris lugens)
    - ☐ Anatolienmeise (Poecile lugubris anatoliae)
    - ☐ Hellmayrs Balkanmeise (Poecile lugubris dubius)
    - ☐ Koelz-Balkanmeise (Poecile lugubris kirmanensis)

☐ **Sumpfmeise (Poecile palustris)**

    ☐ Dressers Sumpfmeise (Poecile palustris dresseri)

    ☐ Italienische Sumpfmeise (Poecile palustris italicus)

    ☐ Osteuropäische Sumpfmeise (Poecile palustris stagnatilis)

    ☐ Kaukasus-Sumpfmeise (Poecile palustris kabardensis)

    ☐ Mandschuren-Sumpfmeise (Poecile palustris brevirostris)

    ☐ Ernst-Sumpfmeise (Poecile palustris ernsti)

    ☐ Japan-Sumpfmeise (Poecile palustris hensoni)

    ☐ Hebei-Sumpfmeise (Poecile palustris jeholicus)

    ☐ Hellmayrs Sumpfmeise (Poecile palustris hellmayri)

☐ **Weidenmeise (Poecile montanus)**

    ☐ Kleinschmidts Weidenmeise (Poecile montanus kleinschmidti)

    ☐ Westmitteleuropa-Weidenmeise (Poecile montanus rhenanus)

    ☐ Südmitteleuropa-Weidenmeise (Poecile montanus salicarius)

    ☐ Skandinavien-Weidenmeise (Poecile montanus borealis)

    ☐ Ural-Weidenmeise (Poecile montanus uralensis)

    ☐ Baikal-Weidenmeise (Poecile montanus baicalensis)

    ☐ Sibirien-Weidenmeise (Poecile montanus anadyrensis)

    ☐ Kamtschatka-Weidenmeise (Poecile montanus kamtschatkensis)

    ☐ Sakhalin-Weidenmeise (Poecile montanus sachalinensis)

    ☐ Japan-Weidenmeise (Poecile montanus restrictus)

    ☐ Kirgisistan-Weidenmeise (Poecile montanus songarus)

    ☐ China-Weidenmeise (Poecile montanus affinis)

    ☐ Stötzners Weidenmeise (Poecile montanus stoetzneri)

☐ **Lapplandmeise (Poecile cinctus)**

    ☐ Skandinavische Lapplandmeise (Poecile cinctus lapponicus)

    ☐ Sibirische Lapplandmeise (Poecile cinctus sayanus)

    ☐ Amerikanische Lapplandmeise (Poecile cinctus lathami)

☐ **Tannenmeise (Periparus ater)**

    ☐ Großbritanien-Tannenmeise (Periparus ater britannicus)

    ☐ Irland-Tannenmeise (Periparus ater hibernicus)

    ☐ Eurasische Tannenmeise (Periparus ater abietum)

    ☐ Iberische Tannenmeise (Periparus ater vieirae)

    ☐ Sarden-Tannenmeise (Periparus ater sardus)

    ☐ Marokko-Tannenmeise (Periparus ater atlas)

    ☐ Algerien-Tannenmeise (Periparus ater ledouci)

    ☐ Zypern-Tannenmeise (Periparus ater cypriotes)

    ☐ Krim-Tannenmeise (Periparus ater moltchanovi)

    ☐ Kaukasus-Tannenmeise (Periparus ater michalowskii)

    ☐ Türkische Tannenmeise (Periparus ater derjugini)

    ☐ Westchinesische Tannenmeise (Periparus ater eckodedicatus)

☐ Aserbaidschan-Tannenmeise (Periparus ater gaddi)

☐ Turmenistan-Tannenmeise (Periparus ater chorassanicus)

☐ Iran-Tannenmeise (Periparus ater phaeonotus)

☐ Kasachstan-Tannenmeise (Periparus ater rufipectus)

☐ Nepal-Tannenmeise (Periparus ater martensi)

☐ Afghanische Tannenmeise (Periparus ater melanolophus)

☐ Myanmar-Tannenmeise (Periparus ater aemodius)

☐ Ostchinesische Tannenmeise (Periparus ater pekinensis)

☐ Japan-Tannenmeise (Periparus ater insularis)

☐ Südchinesische Tannenmeise (Periparus ater kuatunensis)

☐ Taiwan-Tannenmeise (Periparus ater ptilosus)

☐ **Haubenmeise (Lophophanes cristatus)**

☐ Schottische Haubenmeise (Lophophanes cristatus scoticus)

☐ Französische Haubenmeise (Lophophanes cristatus abadiei)

☐ Iberische Haubenmeise (Lophophanes cristatus weigoldi)

☐ Ural-Haubenmeise (Lophophanes cristatus baschkirikus)

☐ Europäische Haubenmeise (Lophophanes cristatus mitratus)

☐ Bureschs Haubenmeise (Lophophanes cristatus bureschi)

☐ **Kohlmeise (Parus major)**

☐ Britische Kohlmeise (Parus major newtoni)

☐ Kapustin-Kohlmeise (Parus major kapustini)

☐ Korsenkoflmeise (Parus major corsus)

☐ Balearenkohlmeise (Parus major mallorcae)

☐ Nordafrikanische Kohlmeise (Parus major excelsus)

☐ Sardinien-Kohlmeise (Parus major ecki)

☐ Aphroditenkohlmeise (Parus major aphrodite)

☐ Niethammers Kohlmeise (Parus major niethammeri)

☐ Syrische Kohlmeise (Parus major terraesanctae)

☐ Aserbaidschan-Kohlmeise (Parus major karelini)

☐ Blanfords Kohlmeise (Parus major blanfordi)

☐ Usbekistan-Kohlmeise (Parus major bokharensis)

☐ Mongolen-Kohlmeise (Parus major turkestanicus)

☐ China-Kohlmeise (Parus major ferghanensis)

☐ **Blaumeise (Cyanistes caeruleus)**

☐ Britische Blaumeise (Cyanistes caeruleus obscurus)

☐ Balearenbalumeise (Cyanistes caeruleus balearicus)

☐ Iberiablaumeise (Cyanistes caeruleus ogliastrae)

☐ Griechische Blaumeise (Cyanistes caeruleus calamensis)

☐ Osteuropäische Blaumeise (Cyanistes caeruleus orientalis)

☐ Kaukasus-Blaumeise (Cyanistes caeruleus satunini)

☐ Iran-Blaumeise (Cyanistes caeruleus raddei)

☐ Persische Blaumeise (Cyanistes caeruleus persicus)
☐ Kanarenblaumeise (Cyanistes teneriffae)
☐ Marokkoblaumeise (Cyanistes teneriffae ultramarinus)

☐ Libyenblaumeise (Cyanistes teneriffae cyrenaicae)

☐ Fuerteventurablaumeise (Cyanistes teneriffae degener)

☐ El Hierroblaumeise (Cyanistes teneriffae ombriosus)

☐ La Palmablaumeise (Cyanistes teneriffae palmensis)

☐ Gran Canariablaumeise (Cyanistes teneriffae hedwigae)

☐ Lasurmeise (Cyanistes cyanus)
☐ Ural-Lasurmeise (Cyanistes cyanus hyperrhiphaeus)

☐ Sibirien-Lasurmeise (Cyanistes cyanus yenisseensis)

☐ Kasachstan-Lasurmeise (Cyanistes cyanus tianschanicus)

☐ Tiefland-Lasurmeise (Cyanistes cyanus koktalensis)

☐ Kirgisistan-Lasurmeise (Cyanistes cyanus carruthersi)

☐ Afghanische Lasurmeise (Cyanistes cyanus flavipectus)

☐ Chinesische Lasurmeise (Cyanistes cyanus berezowskii)

Familie: Remizidae (Beutelmeise)

☐ Beutelmeise (Remiz pendulinus)
☐ Menzbiers Beutelmeise (Remiz pendulinus menzbieri)

☐ Kaspische Beutelmeise (Remiz pendulinus caspius)

☐ Sibirische Beutelmeise (Remiz pendulinus jaxarticus)

Familie: Aegithalidae (Schwanzmeisen)

☐ Schwanzmeise (Aegithalos caudatus)
☐ Britische Schwanzmeise (Aegithalos caudatus rosaceus)

☐ Europäische Schwanzmeise (Aegithalos caudatus europaeus)

☐ Französische Schwanzmeise (Aegithalos caudatus aremoricus)

☐ Iberia-Schwanzmeise (Aegithalos caudatus taiti)

☐ Korsika-Schwanzmeise (Aegithalos caudatus irbii)

☐ Italienische Schwanzmeise (Aegithalos caudatus italiae)

☐ Sizilien-Schwanzmeise (Aegithalos caudatus siculus)

☐ Macedonien-Schwanzmeise (Aegithalos caudatus macedonicus)

☐ Türkische Schwanzmeise (Aegithalos caudatus tephronotus)

☐ Krim-Schwanzmeise (Aegithalos caudatus tauricus)

☐ Große Schwanzmeise (Aegithalos caudatus major)

☐ Aserbaidschan-Schwanzmeise (Aegithalos caudatus alpinus)

☐ Iranische Schwanzmeise (Aegithalos caudatus passekii)

☐ Japanische Schwanzmeise (Aegithalos caudatus trivirgatus)

☐ Kyushu-Schwanzmeise (Aegithalos caudatus kiusiuensis)

☐ Korea-Schwanzmeise (Aegithalos caudatus magnus)

Familie: Sittidae (Kleiber)

☐ Kleiber (Sitta europaea)

  ☐ Westlicher Kleiber (Sitta europaea caesia)

  ☐ Spanischer Kleiber (Sitta europaea hispaniensis)

  ☐ Alpinenkleiber (Sitta europaea cisalpina)

  ☐ Syrienkleiber (Sitta europaea levantina)

  ☐ Perischer Kleiber (Sitta europaea persica)

  ☐ Kaukasuskleiber (Sitta europaea caucasica)

  ☐ Irankleiber (Sitta europaea rubiginosa)

  ☐ Asiatischer Kleiber (Sitta europaea asiatica)

  ☐ Kurilenkleiber (Sitta europaea albifrons)

  ☐ Amurkleiber (Sitta europaea amurensis)

  ☐ Kyushukleiber (Sitta europaea roseilia)

  ☐ Bedfords Kleiber (Sitta europaea bedfordi)

  ☐ Westchinesischer Kleiber (Sitta europaea seorsa)

  ☐ Ostchinesischer Kleiber (Sitta europaea sinensis)

☐ Korsenkleiber (Sitta whiteheadi)

☐ Türkenkleiber (Sitta krueperi)

☐ Felsenkleiber (Sitta neumayer)

  ☐ Syrischer Felsenkleiber (Sitta neumayer syriaca)

  ☐ Kaukasus-Felsenkleiber (Sitta neumayer rupicola)

  ☐ Tschitscherins Felsenkleiber (Sitta neumayer tschitscherini)

  ☐ Iranischer Felsenkleiber (Sitta neumayer plumbea)

Familie: Tichodromidae (Mauerläufer)

☐ Mauerläufer (Tichodroma muraria)

  ☐ Nepalmauerläufer (Tichodroma muraria nepalensis)

Familie: Certhiidae (Eigentliche Baumläufer)

☐ Waldbaumläufer (Certhia familiaris)

  ☐ Englischer Waldbaumläufer (Certhia familiaris brittanica)

  ☐ Westeuropäischer Waldbaumläufer (Certhia familiaris macrodactyla)

  ☐ Korsika-Waldbaumläufer (Certhia familiaris corsa)

  ☐ Daurischer Waldbaumläufer (Certhia familiaris daurica)

  ☐ Kaukasus-Waldbaumläufer (Certhia familiaris caucasica)

☐ Persischer Waldbaumläufer (Certhia familiaris persica)

☐ Chinesischer Waldbaumläufer (Certhia familiaris bianchii)

☐ Kirgisischer Waldbaumläufer (Certhia familiaris tianschanica)

☐ Japanischer Waldbaumläufer (Certhia familiaris japonica)

☐ **Gartenbaumläufer (Certhia brachydactyla)**

☐ Westlicher Gartenbaumläufer (Certhia brachydactyla megarhynchos)

☐ Mauritanischer Gartenbaumläufer (Certhia brachydactyla mauritanica)

☐ Dorotheas Gartenbaumläufer (Certhia brachydactyla dorotheae)

☐ Stresemanns Gartenbaumläufer (Certhia brachydactyla stresemanni)

☐ Kaukasus-Gartenbaumläufer (Certhia brachydactyla rossocaucasica)

Familie: Troglodytidae (Zaunkönige)

☐ **Zaunkönig (Troglodytes troglodytes)**

☐ Islandzaunkönig (Troglodytes troglodytes islandicus)

☐ Färöerzaunkönig (Troglodytes troglodytes borealis)

☐ Shetlandzaunkönig (Troglodytes troglodytes zetlandicus)

☐ Fairzaunkönig (Troglodytes troglodytes fridariensis)

☐ Kildazaunkönig (Troglodytes troglodytes hirtensis)

☐ Hebridenzaunkönig (Troglodytes troglodytes hebridensis)

☐ Irlandzaunkönig (Troglodytes troglodytes indigenus)

☐ Balearenzaunkönig (Troglodytes troglodytes kabylorum)

☐ Sardinienzaunkönig (Troglodytes troglodytes koenigi)

☐ Libyenzaunkönig (Troglodytes troglodytes juniperi)

☐ Zypernzaunkönig (Troglodytes troglodytes cypriotes)

☐ Kaukasuszaunkönig (Troglodytes troglodytes hyrcanus)

☐ Iranzaunkönig (Troglodytes troglodytes zagrossiensis)

☐ Tianschanzaunkönig (Troglodytes troglodytes tianschanicus)

☐ Afghanischer Zaunkönig (Troglodytes troglodytes subpallidus)

☐ Pakistanischer Zaunkönig (Troglodytes troglodytes magrathi)

☐ Himalayazaunkönig (Troglodytes troglodytes neglectus)

☐ Nepalzaunkönig (Troglodytes troglodytes nipalensis)

☐ Chinazaunkönig (Troglodytes troglodytes idius)

☐ Szetschuanzaunkönig (Troglodytes troglodytes szetschuanus)

☐ Myanmarzaunkönig (Troglodytes troglodytes talifuensis)

☐ Daurischer Zaunkönig (Troglodytes troglodytes dauricus)

☐ Kamtschatkazaunkönig (Troglodytes troglodytes pallescens)

☐ Kurilenzaunkönig (Troglodytes troglodytes kurilensis)

☐ Sakhalinzaunkönig (Troglodytes troglodytes fumigatus)

☐ Izuzaunkönig (Troglodytes troglodytes mosukei)

☐ Ogawazaunkönig (Troglodytes troglodytes ogawae)

☐ Taiwanzaunkönig (Troglodytes troglodytes taivanus)

Familie: Cinclidae (Wasseramseln)

☐ **Wasseramsel (Cinclus cinclus)**
    ☐ Irische Wasseramsel (Cinclus cinclus hibernicus)
    ☐ Englische Wasseramsel (Cinclus cinclus gularis)
    ☐ Südeuropäische Wasseramsel (Cinclus cinclus aquaticus)
    ☐ Kleine Wasseramsel (Cinclus cinclus minor)
    ☐ Libanon-Wasseramsel (Cinclus cinclus rufiventris)
    ☐ Uralwasseramsel (Cinclus cinclus uralensis)
    ☐ Kaukasus-Wasseramsel (Cinclus cinclus caucasicus)
    ☐ Persische Wasseramsel (Cinclus cinclus persicus)
    ☐ Asiatische Wasseramsel (Cinclus cinclus leucogaster)
    ☐ Baikal-Wasseramsel (Cinclus cinclus baicalensis)
    ☐ Himalaya-Wasseramsel (Cinclus cinclus cashmeriensis)
    ☐ Przewalskis Wasseramsel (Cinclus cinclus przewalskii)

Familie: Pycnonotidae (Bülbüls)

☐ **Graubülbül (Pycnonotus barbatus)**
    ☐ Senegal-Graubülbül (Pycnonotus barbatus inornatus)
    ☐ Gabun-Graubülbül (Pycnonotus barbatus gabonensis)
    ☐ Sudan-Graubülbül (Pycnonotus barbatus arsinoe)
    ☐ Äthiopien-Graubülbül (Pycnonotus barbatus schoanus)

Familie: Regulidae (Goldhähnchen)

☐ **Madeiragoldhähnchen (Regulus madeirensis)**
☐ **Wintergoldhähnchen (Regulus regulus)**
    ☐ Tenerifagoldhähnchen (Regulus regulus teneriffae)
    ☐ La Palma-Goldhähnchen (Regulus regulus ellenthalerae)
    ☐ Sao Miguel-Goldhähnchen (Regulus regulus azoricus)
    ☐ Santa Maria-Goldhähnchen (Regulus regulus sanctaemariae)
    ☐ Azorengoldhähnchen (Regulus regulus inermis)
    ☐ Buturlingldhähnchen (Regulus regulus buturlini)
    ☐ Iranisches Goldhähnchen (Regulus regulus hyrcanus)
    ☐ Sibirisches Goldhähnchen (Regulus regulus coatsi)
    ☐ Tien Shan-Goldhähnchen (Regulus regulus tristis)
    ☐ Himalayagoldhähnchen (Regulus regulus himalayensis)
    ☐ Chinesisches Goldhähnchen (Regulus regulus sikkimensis)
    ☐ Yunnangoldhähnchen (Regulus regulus yunnanensis)
    ☐ Japangoldhähnchen (Regulus regulus japonensis)

☐ **Sommergoldhähnchen (Regulus ignicapilla)**

    ☐ Kaukasusgoldhähnchen (Regulus ignicapilla caucasicus)

    ☐ Krimgoldhähnchen (Regulus ignicapilla tauricus)

    ☐ Balearengoldhähnchen (Regulus ignicapilla balearicus)

Familie: Cettiidae (Cettia-Buschsänger & Verwandte)

☐ **Seidensänger (Cettia cetti)**

    ☐ Östlicher Seidensänger (Cettia cetti orientalis)

    ☐ Weißbauch-Seidensänger (Cettia cetti albiventris)

Familie: Phylloscopidae (Laubsängerartige)

☐ **Fitis (Phylloscopus trochilus)**

    ☐ Skandinavienfitis (Phylloscopus trochilus acredula)

    ☐ Sibirischer Fitis (Phylloscopus trochilus yakutensis)

☐ **Zilpzalp (Phylloscopus collybita)**

    ☐ Skandinavienzilpzalp (Phylloscopus collybita abietinus)

    ☐ Türkenzipzalp (Phylloscopus collybita brevirostris)

    ☐ Kaukasuszilpzalp (Phylloscopus collybita caucasicus)

    ☐ Menzbiers Zilpzalp (Phylloscopus collybita menzbieri)

    ☐ Sibirienzilpzalp (Phylloscopus collybita tristis)

☐ **Iberienzilpzalp (Phylloscopus ibericus)**

    ☐ Biscayazilpzalp (Phylloscopus ibericus biscayensis)

☐ **Kanarenzilpzalp (Phylloscopus canariensis)**

    ☐ Lanzarotezilpzalp (Phylloscopus canariensis exsul)

☐ **Berglaubsänger (Phylloscopus bonelli)**

☐ **Balkanlaubsänger (Phylloscopus orientalis)**

☐ **Waldlaubsänger (Phylloscopus sibilatrix)**

☐ **Dunkellaubsänger (Phylloscopus fuscatus)**

    ☐ Großer Dunkellaubsänger (Phylloscopus fuscatus robustus)

☐ **Wanderlaubsänger (Phylloscopus borealis)**

    ☐ Kennocotts Wanderlaubsänger (Phylloscopus borealis kennicotti)

☐ **Wacholderlaubsänger (Phylloscopus nitidus)**

☐ **Grünlaubsänger (Phylloscopus trochiloides)**

    ☐ Eurasischer Grünlaubsänger (Phylloscopus trochiloides viridanus)

    ☐ Ludows Grünlaubsänger (Phylloscopus trochiloides ludlowi)

    ☐ Dunkler Grünlaubsänger (Phylloscopus trochiloides obscuratus)

☐ **Middendorff-Laubsänger (Phylloscopus plumbeitarsus)**

Familie: Acrocephalidae (Rohrsängerartige)

☐ **Blassspötter (Iduna pallida)**
  ☐ Osteuropa-Blassspötter (Iduna pallida elaeica)
  ☐ Reisers Blassspötter (Iduna pallida reiseri)
  ☐ Somalia-Blassspötter (Iduna pallida alulensis)
  ☐ Niger-Blassspötter (Iduna pallida laeneni)
☐ **Isabellspötter (Iduna opaca)**
☐ **Dornspötter (Hippolais languida)**
☐ **Olivenspötter (Hippolais olivetorum)**
☐ **Orpheusspötter (Hippolais polyglotta)**
☐ **Gelbspötter (Hippolais icterina)**
☐ **Mariskenrohrsänger (Acrocephalus melanopogon)**
  ☐ Östlicher Mariskenrohrsänger (Acrocephalus melanopogon mimicus)
  ☐ Ukrainischer Mariskenrohrsänger (Acrocephalus melanopogon albiventris)
☐ **Seggenrohrsänger (Acrocephalus paludicola)**
☐ **Schilfrohrsänger (Acrocephalus schoenobaenus)**
☐ **Buschrohrsänger (Acrocephalus dumetorum)**
☐ **Teichrohrsänger (Acrocephalus scirpaceus)**
  ☐ Östlicher Teichrohrsänger (Acrocephalus scirpaceus fuscus)
  ☐ Rotes Meer-Teichrohrsänger (Acrocephalus scirpaceus avicenniae)
☐ **Sumpfrohrsänger (Acrocephalus palustris)**
☐ **Drosselrohrsänger (Acrocephalus arundinaceus)**
  ☐ Eurasischer Drosselrohrsänger (Acrocephalus arundinaceus zarudnyi)

Familie: Locustellidae (Buschsänger)

☐ **Schlagschwirl (Locustella fluviatilis)**
☐ **Rohrschwirl (Locustella luscinioides)**
  ☐ Östlicher Rohrschwirl (Locustella luscinioides sarmatica)
  ☐ Türkischer Rohrschwirl (Locustella luscinioides fusca)
☐ **Feldschwirl (Locustella naevia)**
  ☐ Osteuropäischer Feldschwirl (Locustella naevia straminea)
  ☐ Kaukasus-Feldschwirl (Locustella naevia obscurior)
  ☐ Mongolen-Feldschwirl (Locustella naevia mongolica)
☐ **Davidbuschsänger (Locustella davidi)**
  ☐ Suschkinbuschsänger (Locustella davidi suschkini)

Familie: Cisticolidae (Halmsängerartige)

- ☐ **Zistensänger (Cisticola juncidis)**
    - ☐ Temmincks Zistensänger (Cisticola juncidis cisticola)
    - ☐ Senegal-Zistensänger (Cisticola juncidis uropygialis)
    - ☐ Gabun-Zistensänger (Cisticola juncidis terrestris)
    - ☐ Zypern-Zistensänger (Cisticola juncidis neuroticus)
    - ☐ Afghanistan-Zistensänger (Cisticola juncidis cursitans)
    - ☐ Indischer Zistensänger (Cisticola juncidis salimalii)
    - ☐ Sri Lanka-Zistensänger (Cisticola juncidis omalurus)
    - ☐ Japan-Zistensänger (Cisticola juncidis brunniceps)
    - ☐ Taiwan-Zistensänger (Cisticola juncidis tinnabulans)
    - ☐ Palawan-Zistensänger (Cisticola juncidis nigrostriatus)
    - ☐ Nikobaren-Zistensänger (Cisticola juncidis malaya)
    - ☐ Java-Zistensänger (Cisticola juncidis fuscicapilla)
    - ☐ Sulawesi-Zistensänger (Cisticola juncidis constans)
    - ☐ Nordaustralien-Zistensänger (Cisticola juncidis leanyeri)
    - ☐ Normans Zistensänger (Cisticola juncidis normani)
    - ☐ Laverys Zistensänger (Cisticola juncidis laveryi)
- ☐ **Streifenprinie (Prinia gracilis)**
    - ☐ Natron-Streifenprinie (Prinia gracilis natronensis)
    - ☐ Nildelta-Streifenprinie (Prinia gracilis deltae)
    - ☐ Sudan-Streifenprinie (Prinia gracilis carlo)
    - ☐ Jemen-Streifenprinie (Prinia gracilis yemenensis)
    - ☐ Arabische Streifenprinie (Prinia gracilis hufufae)
    - ☐ Oman-Streifenprinie (Prinia gracilis carpenteri)
    - ☐ Palestina-Streifenprinie (Prinia gracilis palaestinae)
    - ☐ Irak-Streifenprinie (Prinia gracilis irakensis)
    - ☐ Türkische Streifenprinie (Prinia gracilis akyildizi)
    - ☐ Iranische Streifenprinie (Prinia gracilis lepida)
    - ☐ Nepal-Streifenprinie (Prinia gracilis stevensi)

Familie: Sylviidae (Grasmückenartige)

- ☐ **Mönchsgrasmücke (Sylvia atricapilla)**
    - ☐ Azoren-Mönchsgrasmücke (Sylvia atricapilla gularis)
    - ☐ Heineckes Mönchsgrasmücke (Sylvia atricapilla heineken)
    - ☐ Pauluccis Mönchsgrasmücke (Sylvia atricapilla pauluccii)
    - ☐ Dammholz-Mönchsgrasmücke (Sylvia atricapilla dammholzi)
- ☐ **Gartengrasmücke (Sylvia borin)**
    - ☐ Woodwards Gartengrasmücke (Sylvia borin woodwardi)

☐ **Sperbergrasmücke (Sylvia nisoria)**

    ☐ Merzbachers Gartengrasmücke (Sylvia nisoria merzbacheri)

☐ **Klappergrasmücke (Sylvia curruca)**

    ☐ Kaukasus-Klappergrasmücke (Sylvia curruca caucasica)

    ☐ Sibirische Klappergrasmücke (Sylvia curruca halimodendri)

    ☐ Mongolische Klappergrasmücke (Sylvia curruca telengitica)

☐ **Orpheusgrasmücke (Sylvia hortensis)**

    ☐ Libyen-Orpheusgrasmücke (Sylvia hortensis cyrenaicae)

☐ **Östliche Orpheusgrasmücke (Sylvia crassirostris)**

    ☐ Turkmenische Orpheusgrasmücke (Sylvia crassirostris balchanica)

    ☐ Jerdons Orpheusgrasmücke (Sylvia crassirostris jerdoni)

☐ **Atlasgrasmücke (Sylvia deserticola)**

    ☐ Algerische Atlasgrasmücke (Sylvia deserticola maroccana)

    ☐ Marokkanische Atlasgrasmücke (Sylvia deserticola ticehursti)

☐ **Maskengrasmücke (Sylvia ruppeli)**

☐ **Schuppengrasmücke (Sylvia melanothorax)**

☐ **Weißbart-Grasmücke (Sylvia cantillans)**

    ☐ Südosteuropa-Weißbartgrasmücke (Sylvia cantillans albistriata)

    ☐ Iberische Weißbartgrasmücke (Sylvia cantillans iberiae)

    ☐ Nordafrika-Weißbartgrasmücke (Sylvia cantillans inornata)

☐ **Samtkopf-Grasmücke (Sylvia melanocephala)**

    ☐ Kanarische Samtkopfgrasmücke (Sylvia melanocephala leucogastra)

    ☐ Marokko-Samtkopfgrasmücke (Sylvia melanocephala valverdei)

    ☐ Griechische Samtkopfgrasmücke (Sylvia melanocephala pasiphae)

    ☐ Türkische Samtkopfgrasmücke (Sylvia melanocephala momus)

☐ **Brillengrasmücke (Sylvia conspicillata)**

    ☐ Kanaren-Brillengrasmücke (Sylvia conspicillata orbitalis)

☐ **Dorngrasmücke (Sylvia communis)**

    ☐ Östliche Dorngrasmücke (Sylvia communis volgensis)

    ☐ Türkische Dorngrasmücke (Sylvia communis icterops)

    ☐ Asiatische Gebirgsdorngrasmücke (Sylvia communis rubicola)

☐ **Provencegrasmücke (Sylvia undata)**

    ☐ Dartford-Provencegrasmücke (Sylvia undata dartfordiensis)

    ☐ Tonis Provencegrasmücke (Sylvia undata toni)

☐ **Sardengrasmücke (Sylvia sarda)**

☐ **Balearengrasmücke (Sylvia balearica)**

Familie: Leiothrichidae (Häherlinge & Verwandte)

☐ **Sonnenvogel (Leiothrix lutea)**

    ☐ Himalayasonnenvogel (Leiothrix lutea kumaiensis)

☐ Myanmarsonnenvogel (Leiothrix lutea calipyga)

☐ Yunnansonnenvogel (Leiothrix lutea yunnanensis)

☐ Vietnamsonnenvogel (Leiothrix lutea kwangtungensis)

Familie: Muscicapidae (Eigentliche Fliegenschnäpper)

☐ Grauschnäpper (Muscicapa striata)

  ☐ Balearen-Grauschnäpper (Muscicapa striata balearica)

  ☐ Sardinien-Grauschnäpper (Muscicapa striata tyrrhenica)

  ☐ Krim-Grauschnäpper (Muscicapa striata inexpectata)

  ☐ Neumanns Grauschnäpper (Muscicapa striata neumanni)

  ☐ Sarudnys Grauschnäpper (Muscicapa striata sarudnyi)

  ☐ Mongolischer Grauschnäpper (Muscicapa striata mongola)

☐ Heckensänger (Cercotrichas galactotes)

  ☐ Syrischer Heckensänger (Cercotrichas galactotes syriaca)

  ☐ Familien-Heckensänger (Cercotrichas galactotes familiaris)

  ☐ Kleiner Heckensänger (Cercotrichas galactotes minor)

  ☐ Hamertons Heckensänger (Cercotrichas galactotes hamertoni)

☐ Rotkehlchen (Erithacus rubecula)

  ☐ Britisches Rotkehlchen (Erithacus rubecula melophilus)

  ☐ Kanarenrotkehlchen (Erithacus rubecula superbus)

  ☐ Algerisches Rotkehlchen (Erithacus rubecula witherbyi)

  ☐ Krim-Rotkehlchen (Erithacus rubecula valens)

  ☐ Kaukasusrotkehlchen (Erithacus rubecula caucasicus)

  ☐ Iranisches Rotkehlchen (Erithacus rubecula hyrcanus)

  ☐ Sibirisches Rotkehlchen (Erithacus rubecula tataricus)

☐ Weißkehlsänger (Irania gutturalis)

☐ Sprosser (Luscinia luscinia)

☐ Nachtigall (Luscinia megarhynchos)

  ☐ Kaukasus-Nachtigall (Luscinia megarhynchos africana)

  ☐ Golzis Nachtigall (Luscinia megarhynchos golzii)

☐ Rotsterniges Blaukehlchen (Luscinia svecica)

  ☐ Französisches Blaukehlchen (Luscinia svecica namnetum)

  ☐ Weisssterniges Blaukehlchen (Luscinia svecica cyanecula)

  ☐ Ukraine-Blaukehlchen (Luscinia svecica volgae)

  ☐ Kaukasus-Blaukehlchen (Luscinia svecica magna)

  ☐ Kasachstan-Blaukehlchen (Luscinia svecica pallidogularis)

  ☐ Abbotts Blaukehlchen (Luscinia svecica abbotti)

  ☐ Sushkin-Blaukehlchen (Luscinia svecica saturatior)

  ☐ Mongolenblaukehlchen (Luscinia svecica kobdensis)

  ☐ Przevalski-Blaukehlchen (Luscinia svecica przevalskii)

☐ **Trauerschnäpper (Ficedula hypoleuca)**

    ☐ Iberia-Trauerschnäpper (Ficedula hypoleuca iberiae)

    ☐ Sibirischer Trauerschnäpper (Ficedula hypoleuca sibirica)

☐ **Halsbandschnäpper (Ficedula albicollis)**

☐ **Zwergschnäpper (Ficedula parva)**

☐ **Halbringschnäpper (Ficedula semitorquata)**

☐ **Sprosserrotschwanz (Phoenicurus erythronotus)**

☐ **Hausrotschwanz (Phoenicurus ochruros)**

    ☐ Gibraltar-Hausrotschwanz (Phoenicurus ochruros gibraltariensis)

    ☐ Syrischer Hausrotschwanz (Phoenicurus ochruros semirufus)

    ☐ Moores Hausrotschwanz (Phoenicurus ochruros phoenicuroides)

    ☐ Himalaya-Hausrotschwanz (Phoenicurus ochruros rufiventris)

☐ **Gartenrotschwanz (Phoenicurus phoenicurus)**

    ☐ Balkan-Gartenrotschwanz (Phoenicurus phoenicurus samamisicus)

☐ **Steinrötel (Monticola saxatilis)**

☐ **Blaumerle (Monticola solitarius)**

    ☐ Langschnabel-Blaumerle (Monticola solitarius longirostris)

    ☐ China-Blaumerle (Monticola solitarius pandoo)

    ☐ Philippinen-Blaumerle (Monticola solitarius philippensis)

    ☐ Malayische Blaumerle (Monticola solitarius madoci)

☐ **Braunkehlchen (Saxicola rubetra)**

☐ **Kanarenschmätzer (Saxicola dacotiae)**

☐ **Schwarzkehlchen (Saxicola rubicola)**

    ☐ Englisches Schwarzkehlchen (Saxicola rubicola hibernans)

☐ **Pallasschwarzkehlchen (Saxicola maurus)**

    ☐ Hemprichis Schwarzkehlchen (Saxicola maurus hemprichii)

    ☐ Kaukasus-Schwarzkehlchen (Saxicola maurus variegatus)

    ☐ Indisches Schwarzkehlchen (Saxicola maurus indicus)

    ☐ Przewalskis Schwarzkehlchen (Saxicola maurus przewalskii)

☐ **Afrikanisches Schwarzkehlchen (Saxicola torquatus)**

    ☐ Arabisches Schwarzkehlchen (Saxicola torquatus felix)

    ☐ Uganda-Schwarzkehlchen (Saxicola torquatus albofasciatus)

    ☐ Sudan-Schwarzkehlchen (Saxicola torquatus jebelmarrae)

    ☐ Senegal-Schwarzkehlchen (Saxicola torquatus moptanus)

    ☐ Sierra Leone-Schwarzkehlchen (Saxicola torquatus nebularum)

    ☐ Kongo-Schwarzkehlchen (Saxicola torquatus axillaris)

    ☐ Mosambik-Schwarzkehlchen (Saxicola torquatus promiscuus)

    ☐ Nigeria-Schwarzkehlchen (Saxicola torquatus salax)

    ☐ Angola-Schwarzkehlchen (Saxicola torquatus stonei)

    ☐ Clanceys Schwarzkehlchen (Saxicola torquatus clanceyi)

    ☐ Lesotho-Schwarzkehlchen (Saxicola torquatus oreobates)

    ☐ Grand Comoro-Schwarzkehlchen (Saxicola torquatus voeltzkowi)

☐ **Trauersteinschmätzer (Oenanthe leucura)**

    ☐ Afrikanischer Trauersteinschmätzer (Oenanthe leucura syenitica)

☐ **Steinschmätzer (Oenanthe oenanthe)**

    ☐ Island-Steinschmätzer (Oenanthe oenanthe leucorhoa)

    ☐ Östlicher Steinschmätzer (Oenanthe oenanthe libanotica)

    ☐ Afrikanischer Steinschmätzer (Oenanthe oenanthe seebohmi)

☐ **Zypernsteinschmätzer (Oenanthe cypriaca)**

☐ **Nonnensteinschmätzer (Oenanthe pleschanka)**

☐ **Isabellsteinschmätzer (Oenanthe isabellina)**

☐ **Rostbürzel-Steinschmätzer (Oenanthe xanthoprymna)**

☐ **Maurensteinschmätzer (Oenanthe hispanica)**

    ☐ Güldenstädt-Steinschmätzer (Oenanthe hispanica melanoleuca)

Familie: Turdidae (Drosseln)

☐ **Ringdrossel (Turdus torquatus)**

    ☐ Alpen-Ringdrossel (Turdus torquatus alpestris)

    ☐ Harters Ringdrossel (Turdus torquatus amicorum)

☐ **Amsel (Turdus merula)**

    ☐ Azorenamsel (Turdus merula azorensis)

    ☐ Kanarenamsel (Turdus merula cabrerae)

    ☐ Mauritanische Amsel (Turdus merula mauritanicus)

    ☐ Kaukasusamsel (Turdus merula aterrimus)

    ☐ Syrische Amsel (Turdus merula syriacus)

    ☐ Kleine Amsel (Turdus merula intermedius)

    ☐ Sowerbyamsel (Turdus merula sowerbyi)

    ☐ Mandarinamsel (Turdus merula mandarinus)

☐ **Rostflügeldrossel (Turdus eunomus)**

☐ **Wacholderdrossel (Turdus pilaris)**

☐ **Rotdrossel (Turdus iliacus)**

    ☐ Island-Rotdrossel (Turdus iliacus coburni)

☐ **Singdrossel (Turdus philomelos)**

    ☐ Hebriden-Singdrossel (Turdus philomelos hebridensis)

    ☐ Clarkes Singdrossel (Turdus philomelos clarkei)

    ☐ Sibirische Singdrossel (Turdus philomelos nataliae)

☐ **Misteldrossel (Turdus viscivorus)**

    ☐ Deichlers Misteldrossel (Turdus viscivorus deichleri)

    ☐ Bonapartes Misteldrossel (Turdus viscivorus bonapartei)

Familie: Sturnidae (Stare)

☐ **Haubenmaina (Acridotheres cristatellus)**
  ☐ Hainan-Haubenmaina (Acridotheres cristatellus brevipennis)
  ☐ Taiwan-Haubenmaina (Acridotheres cristatellus formosanus)
☐ **Rosenstar (Pastor roseus)**
☐ **Star (Sturnus vulgaris)**
  ☐ Kaukasusstar (Sturnus vulgaris caucasicus)
  ☐ Färöerstar (Sturnus vulgaris faroensis)
  ☐ Shetlansstar (Sturnus vulgaris zetlandicus)
  ☐ Azorenstar (Sturnus vulgaris granti)
  ☐ Poltaratskys Star (Sturnus vulgaris poltaratskyi)
  ☐ Türkenstar (Sturnus vulgaris tauricus)
  ☐ Georgienstar (Sturnus vulgaris purpurascens)
  ☐ Oppenheims Star (Sturnus vulgaris oppenheimi)
  ☐ Irakischer Star (Sturnus vulgaris nobilior)
  ☐ Chinesischer Star (Sturnus vulgaris porphyronotus)
  ☐ Himalayastar (Sturnus vulgaris humii)
  ☐ Kleiner Star (Sturnus vulgaris minor)
☐ **Einfarbstar (Sturnus unicolor)**

Familie: Prunellidae (Braunellen)

☐ **Alpenbraunelle (Prunella collaris)**
  ☐ Brehms Alpenbraunelle (Prunella collaris subalpina)
  ☐ Kaukasus-Alpenbraunelle (Prunella collaris montana)
  ☐ Asiatische Alpenbraunelle (Prunella collaris rufilata)
  ☐ Himalaya-Alpenbraunelle (Prunella collaris whymperi)
  ☐ Nepal-Alpenbraunelle (Prunella collaris nipalensis)
  ☐ Tibet-Alpenbraunelle (Prunella collaris tibetana)
  ☐ Japanische Alpenbraunelle (Prunella collaris erythropygia)
  ☐ Fennell-Alpenbraunelle (Prunella collaris fennelli)
☐ **Steinbraunelle (Prunella ocularis)**
☐ **Heckenbraunelle (Prunella modularis)**
  ☐ Irländische Heckenbraunelle (Prunella modularis hebridium)
  ☐ Englische Heckenbraunelle (Prunella modularis occidentalis)
  ☐ Iberische Heckenbraunelle (Prunella modularis mabbotti)
  ☐ Balkan-Heckenbraunelle (Prunella modularis meinertzhageni)
  ☐ Krim-Heckenbraunelle (Prunella modularis fuscata)
  ☐ Türkische Heckenbraunelle (Prunella modularis euxina)
  ☐ Dunkle Heckenbraunelle (Prunella modularis obscura)

☐ **Wiesenschafstelze (Motacilla flava)**
    ☐ Englische Schafstelze (Motacilla flava flavissima)
    ☐ Russische Wiesenschafstelze (Motacilla flava lutea)
    ☐ Sibirische Wiesenschafstelze (Motacilla flava beema)
    ☐ Iberische Schafstelze (Motacilla flava iberiae)
    ☐ Sardinien-Schafstelze (Motacilla flava cinereocapilla)
    ☐ Kleine Wiesenschafstelze (Motacilla flava pygmaea)
    ☐ Chinesische Wiesenschafstelze (Motacilla flava leucocephala)
    ☐ Feldegg-Schafstelze (Motacilla flava feldegg)
    ☐ Thunberg-Schafstelze (Motacilla flava thunbergi)

☐ **Östliche Schafstelze (Motacilla tschutschensis)**
    ☐ Mongolische Schafstelze (Motacilla tschutschensis angarensis)
    ☐ Stresemanns Schafstelze (Motacilla tschutschensis macronyx)
    ☐ Japanische Schafstelze (Motacilla tschutschensis taivana)

☐ **Zitronenstelze (Motacilla citreola)**
    ☐ Hodgsons Zitronenstelze (Motacilla citreola calcarata)

☐ **Gebirgsstelze (Motacilla cinerea)**
    ☐ Azorengebirgsstelze (Motacilla cinerea patriciae)
    ☐ Madeira-Gebirgsstelze (Motacilla cinerea schmitzi)

☐ **Bachstelze (Motacilla alba)**
    ☐ Trauerbachstelze (Motacilla alba yarrellii)
    ☐ Marokkanische Bachstelze (Motacilla alba subpersonata)
    ☐ Maskenbachstelze (Motacilla alba personata)
    ☐ Baikalbachstelze (Motacilla alba baicalensis)
    ☐ Ostsibirische Bachstelze (Motacilla alba ocularis)
    ☐ Glogers Bachstelze (Motacilla alba lugens)
    ☐ Goulds Bachstelze (Motacilla alba leucopsis)
    ☐ Hodgons Bachstelze (Motacilla alba alboides)

☐ **Spornpieper (Anthus richardi)**
☐ **Brachpieper (Anthus campestris)**
☐ **Langschnabelpieper (Anthus similis)**
    ☐ Niger-Langschnabelpieper (Anthus similis asbenaicus)
    ☐ Bannermans Langschnabelpieper (Anthus similis bannermani)
    ☐ Syrischer Langschnabelpieper (Anthus similis captus)
    ☐ Sudan-Langschnabelpieper (Anthus similis jebelmarrae)
    ☐ Somalia-Langschnabelpieper (Anthus similis nivescens)
    ☐ Äthiopien-Langschnabelpieper (Anthus similis hararensis)
    ☐ Kenia-Langschnabelpieper (Anthus similis chyuluensis)
    ☐ Dewittes Langschnabelpieper (Anthus similis dewittei)

☐ Moco-Langschnabelpieper (Anthus similis moco)

☐ Angola-Langschnabelpieper (Anthus similis palliditinctus)

☐ Namibia-Langschnabelpieper (Anthus similis leucocraspedon)

☐ Nicholsons Langschnabelpieper (Anthus similis nicholsoni)

☐ Lesotho-Langschnabelpieper (Anthus similis petricolus)

☐ Südafrika-Langschnabelpieper (Anthus similis primarius)

☐ Arabischer Langschnabelpieper (Anthus similis arabicus)

☐ Socotra-Langschnabelpieper (Anthus similis sokotrae)

☐ Iranischer Langschnabelpieper (Anthus similis decaptus)

☐ Jerdons Langschnabelpieper (Anthus similis jerdoni)

☐ Myanmar-Langschnabelpieper (Anthus similis yamethini)

☐ **Kanarenpieper (Anthus berthelotii)**

☐ **Wiesenpieper (Anthus pratensis)**

☐ **Baumpieper (Anthus trivialis)**

☐ Haringtons Baumpieper (Anthus trivialis haringtoni)

☐ **Rotkehlpieper (Anthus cervinus)**

☐ **Bergpieper (Anthus spinoletta)**

☐ Coutellis Bergpieper (Anthus spinoletta coutellii)

☐ Blakistons Bergpieper (Anthus spinoletta blakistoni)

☐ **Strandpieper (Anthus petrosus)**

☐ Skandinavischer Strandpieper (Anthus petrosus littoralis)

Familie: Bombycillidae (Seidenschwänze)

☐ **Seidenschwanz (Bombycilla garrulus)**

Familie: Calcariidae (Sporn- & Schneeammern)

☐ **Schneeammer (Plectrophenax nivalis)**

☐ Island-Schneeammer (Plectrophenax nivalis insulae)

☐ Vlasowas Schneeammer (Plectrophenax nivalis vlasowae)

☐ Townsends Schneeammer (Plectrophenax nivalis townsendi)

Familie: Emberizidae (Ammern)

☐ **Winterammer (Junco hyemalis)**

☐ Aiken-Winterammer (Junco hyemalis aikeni)

☐ Karolina-Winterammer (Junco hyemalis carolinensis)

☐ Kanada-Winterammer (Junco hyemalis cismontanus)

☐ Oregon-Winterammer (Junco hyemalis oreganus)

☐ Shufelds Winterammer (Junco hyemalis shufeldti)

☐ Hochland-Winterammer (Junco hyemalis montanus)

☐ Thurbers Winterammer (Junco hyemalis thurberi)

☐ Kalifornien-Winterammer (Junco hyemalis pinosus)

☐ Juarez-Winterammer (Junco hyemalis pontilis)

☐ Townsends Winterammer (Junco hyemalis townsendi)

☐ Nevada-Winterammer (Junco hyemalis mutabilis)

☐ Meams-Winterammer (Junco hyemalis mearnsi)

☐ Woodhouses Winterammer (Junco hyemalis caniceps)

☐ Henrys Winterammer (Junco hyemalis dorsalis)

☐ **Goldammer (Emberiza citrinella)**

☐ Britische Goldammer (Emberiza citrinella caliginosa)

☐ Östliche Goldammer (Emberiza citrinella erythrogenys)

☐ **Zaunammer (Emberiza cirlus)**

☐ **Zippammer (Emberiza cia)**

☐ Hordes Zippammer (Emberiza cia hordei)

☐ Pragers Zippammer (Emberiza cia prageri)

☐ Harters Zippammer (Emberiza cia par)

☐ Himalaya-Zippammer (Emberiza cia stracheyi)

☐ Nepal-Zippammer (Emberiza cia flemingorum)

☐ **Felsenammer (Emberiza godlewskii)**

☐ Sushkins Felsenammer (Emberiza godlewskii decolorata)

☐ Tibet-Felsenammer (Emberiza godlewskii khamensis)

☐ Yunnan-Felsenammer (Emberiza godlewskii yunnanensis)

☐ Östliche Felsenammer (Emberiza godlewskii omissa)

☐ **Türkenammer (Emberiza cineracea)**

☐ Semenows Türkenammer (Emberiza cineracea semenowi)

☐ **Ortolan (Emberiza hortulana)**

☐ **Grauortolan (Emberiza caesia)**

☐ **Wüstenammer (Emberiza striolata)**

☐ Sudan-Wüstenammer (Emberiza striolata saturatior)

☐ Tschad-Wüstenammer (Emberiza striolata jebelmarrae)

☐ **Zwergammer (Emberiza pusilla)**

☐ **Waldammer (Emberiza rustica)**

☐ **Kappenammer (Emberiza melanocephala)**

☐ **Rohrammer (Emberiza schoeniclus)**

☐ Iberische Rohrammer (Emberiza schoeniclus lusitanica)

☐ Sperlings-Rohrammer (Emberiza schoeniclus passerina)

☐ Sibirische Rohrammer (Emberiza schoeniclus parvirostris)

☐ Kamtschatka-Rohrammer (Emberiza schoeniclus pyrrhulina)

☐ Kasachstan-Rohrammer (Emberiza schoeniclus pallidior)

☐ Stresemanns Rohrammer (Emberiza schoeniclus stresemanni)

☐ Ukrainische Rohrammer (Emberiza schoeniclus ukrainae)
☐ Östliche Rohrammer (Emberiza schoeniclus incognita)
☐ Witherbys Rohrammer (Emberiza schoeniclus witherbyi)
☐ Italienische Rohrammer (Emberiza schoeniclus intermedia)
☐ Tschusis Rohrammer (Emberiza schoeniclus tschusii)
☐ Reisers Rohrammer (Emberiza schoeniclus reiseri)
☐ Kaspische Rohrammer (Emberiza schoeniclus caspia)
☐ Korejew Rohrammer (Emberiza schoeniclus korejewi)
☐ Pallas-Rohrammer (Emberiza schoeniclus pyrrhuloides)
☐ Harters Rohrammer (Emberiza schoeniclus harterti)
☐ Zentralasiatische Rohrammer (Emberiza schoeniclus centralasiae)
☐ Chinesische Rohrammer (Emberiza schoeniclus zaidamensis)

☐ **Grauammer (Emberiza calandra)**
☐ Buturlinis Grauammer (Emberiza calandra buturlini)

Familie: Fringillidae (Finken)

☐ **Buchfink (Fringilla coelebs)**
☐ Englischer Buchfink (Fringilla coelebs gengleri)
☐ Krimbuchfink (Fringilla coelebs solomkoi)
☐ Balearenbuchfink (Fringilla coelebs balearica)
☐ Korsikabuchfink (Fringilla coelebs tyrrhenica)
☐ Sardenbuchfink (Fringilla coelebs sarda)
☐ Schiebels Buchfink (Fringilla coelebs schiebeli)
☐ Syrischer Buchfink (Fringilla coelebs syriaca)
☐ Kaukasusbuchfink (Fringilla coelebs caucasica)
☐ Iranischer Buchfink (Fringilla coelebs alexandrovi)
☐ Transkaspischer Buchfink (Fringilla coelebs transcaspia)
☐ Afrikanischer Buchfink (Fringilla coelebs africana)
☐ Libyscher Buchfink (Fringilla coelebs spodiogenys)
☐ Morlettis Buchfink (Fringilla coelebs moreletti)
☐ Madeirabuchfink (Fringilla coelebs maderensis)
☐ Kanarenbuchfink (Fringilla coelebs canariensis)
☐ Hierrobuchfink (Fringilla coelebs ombriosa)
☐ La Palmabuchfink (Fringilla coelebs palmae)

☐ **Teydefink (Fringilla teydea)**
☐ Polatzeks Teydefink (Fringilla teydea polatzeki)
☐ **Bergfink (Fringilla montifringilla)**
☐ **Wüstengimpel (Bucanetes githagineus)**
☐ Kanarischer Wüstengimpel (Bucanetes githagineus amantum)
☐ Afrikanischer Wüstengimpel (Bucanetes githagineus zedlitzi)

☐ Indischer Wüstengimpel (Bucanetes githagineus crassirostris)
☐ Mongolengimpel (Bucanetes mongolicus)
☐ Hakengimpel (Pinicola enucleator)
☐ Kamtschatka-Hakengimpel (Pinicola enucleator kamtschatkensis)
☐ Sakhalin-Hakengimpel (Pinicola enucleator sakhalinensis)
☐ Alaska-Hakengimpel (Pinicola enucleator alascensis)
☐ Kanada-Hakengimpel (Pinicola enucleator flammula)
☐ Carlottas Hakengimpel (Pinicola enucleator carlottae)
☐ Hochland-Hakengimpel (Pinicola enucleator montana)
☐ Kalifornien-Hakengimpel (Pinicola enucleator californica)
☐ Müllers Hakengimpel (Pinicola enucleator leucura)
☐ Oberholsers Hakengimpel (Pinicola enucleator eschatosa)
☐ Azorengimpel (Pyrrhula murina)
☐ Gimpel (Pyrrhula pyrrhula)
☐ Englischer Gimpel (Pyrrhula pyrrhula pileata)
☐ Europäischer Gimpel (Pyrrhula pyrrhula europoea)
☐ Iberiagimpel (Pyrrhula pyrrhula iberiae)
☐ Türkischer Gimpel (Pyrrhula pyrrhula paphlagoniae)
☐ Rossikows Gimpel (Pyrrhula pyrrhula rossikowi)
☐ Sibiriengimpel (Pyrrhula pyrrhula cineracea)
☐ Kaspischer Gimpel (Pyrrhula pyrrhula caspica)
☐ Cassinis Gimpel (Pyrrhula pyrrhula cassinii)
☐ Kurilengimpel (Pyrrhula pyrrhula griseiventris)
☐ Sakhalingimpel (Pyrrhula pyrrhula rosacea)
☐ Karmingimpel (Carpodacus erythrinus)
☐ Mongolischer Karmingimpel (Carpodacus erythrinus grebnitskii)
☐ Kaukasus-Karmingimpel (Carpodacus erythrinus kubanensis)
☐ Himalaya-Karmingimpel (Carpodacus erythrinus ferghanensis)
☐ Chinesischer Karmingimpel (Carpodacus erythrinus roseatus)
☐ Grünfink (Chloris chloris)
☐ Harrisons Grünfink (Chloris chloris harrisoni)
☐ Balkangrünfink (Chloris chloris muehlei)
☐ Spanischer Grünfink (Chloris chloris aurantiiventris)
☐ Sardengrünfink (Chloris chloris madaraszi)
☐ Iberiagrünfink (Chloris chloris vanmarli)
☐ Marokkogrünfink (Chloris chloris voousi)
☐ Ägyptischer Grünfink (Chloris chloris chlorotica)
☐ Kaukasusgrünfink (Chloris chloris bilkevitchi)
☐ Turkestangrünfink (Chloris chloris turkestanica)
☐ Kiefernkreuzschnabel (Loxia pytyopsittacus)
☐ Schottlandkreuzschnabel (Loxia scotica)

☐ **Fichtenkreuzschnabel (Loxia curvirostra)**

- ☐ Balearen-Fichtenkreuzschnabel (Loxia curvirostra balearica)
- ☐ Korsika-Fichtenkreuzschnabel (Loxia curvirostra corsicana)
- ☐ Italienischer Fichtenkreuzschnabel (Loxia curvirostra poliogyna)
- ☐ Balkan-Fichtenkreuzschnabel (Loxia curvirostra guillemardi)
- ☐ Altai-Fichtenkreuzschnabel (Loxia curvirostra altaiensis)
- ☐ China-Fichtenkreuzschnabel (Loxia curvirostra tianschanica)
- ☐ Himalaya-Fichtenkreuzschnabel (Loxia curvirostra himalayensis)
- ☐ Vietnam-Fichtenkreuzschnabel (Loxia curvirostra meridionalis)
- ☐ Japanischer Fichtenkreuzschnabel (Loxia curvirostra japonica)
- ☐ Luzon-Fichtenkreuzschnabel (Loxia curvirostra luzoniensis)
- ☐ Kleiner Fichtenkreuzschnabel (Loxia curvirostra minor)
- ☐ Neufundland-Fichtenkreuzschnabel (Loxia curvirostra percna)
- ☐ Alaska-Fichtenkreuzschnabel (Loxia curvirostra sitkensis)
- ☐ Kanada-Fichtenkreuzschnabel (Loxia curvirostra bendirei)
- ☐ Rocky-Fichtenkreuzschnabel (Loxia curvirostra benti)
- ☐ Idaho-Fichtenkreuzschnabel (Loxia curvirostra sinesciuris)
- ☐ Grinnells Fichtenkreuzschnabel (Loxia curvirostra grinnelli)
- ☐ Stricklands Fichtenkreuzschnabel (Loxia curvirostra stricklandi)
- ☐ Nikaragua-Fichtenkreuzschnabel (Loxia curvirostra mesamericana)

☐ **Bindenkreuzschnabel (Loxia leucoptera)**

- ☐ Eurasischer Bindenkreuzschnabel (Loxia leucoptera bifasciata)

☐ **Birkenzeisig (Acanthis flammea)**

- ☐ Europäischer Birkenzeisig (Acanthis flammea cabaret)
- ☐ Isländischer Birkenzeisig (Acanthis flammea rostrata)

☐ **Polarbirkenzeisig (Acanthis hornemanni)**

- ☐ Eurasischer Polarbirkenzeisig (Acanthis hornemanni exilipes)

☐ **Erlenzeisig (Spinus spinus)**

☐ **Berghänfling (Linaria flavirostris)**

- ☐ Hebriden-Berghänfling (Linaria flavirostris bensonorum)
- ☐ Englischer Berghänfling (Linaria flavirostris pipilans)
- ☐ Türkischer Berghänfling (Linaria flavirostris brevirostris)
- ☐ Kasachstan-Berghänfling (Linaria flavirostris kirghizorum)
- ☐ Korejevs Berghänfling (Linaria flavirostris korejevi)
- ☐ Altai-Berghänfling (Linaria flavirostris altaica)
- ☐ Kirgisistan-Berghänfling (Linaria flavirostris montanella)
- ☐ Afghanischer Berghänfling (Linaria flavirostris pamirensis)
- ☐ Tibet-Berghänfling (Linaria flavirostris miniakensis)
- ☐ Indischer Berghänfling (Linaria flavirostris rufostrigata)

☐ **Bluthänfling (Linaria cannabina)**

- ☐ Schottischer Bluthänfling (Linaria cannabina autochthona)

☐ Östlicher Bluthänfling (Linaria cannabina bella)

☐ Mittelmeer-Bluthänfling (Linaria cannabina mediterranea)

☐ Madeira-Bluthänfling (Linaria cannabina nana)

☐ Kanaren-Bluthänfling (Linaria cannabina meadewaldoi)

☐ Harters Bluthänfling (Linaria cannabina harterti)

☐ **Stieglitz (Carduelis carduelis)**

☐ Englischer Stieglitz (Carduelis carduelis britannica)

☐ Kanarenstieglitz (Carduelis carduelis parva)

☐ Tschusis Stieglitz (Carduelis carduelis tschusii)

☐ Balkanstieglitz (Carduelis carduelis balcanica)

☐ Östlicher Stieglitz (Carduelis carduelis niediecki)

☐ Türkischer Stieglitz (Carduelis carduelis brevirostris)

☐ Kaukasus-Stieglitz (Carduelis carduelis colchica)

☐ Ukrainischer Stieglitz (Carduelis carduelis volgensis)

☐ Großer Stieglitz (Carduelis carduelis major)

☐ Iranischer Stieglitz (Carduelis carduelis paropanisi)

☐ Sibirischer Stieglitz (Carduelis carduelis subulata)

☐ Himalaya-Stieglitz (Carduelis carduelis caniceps)

☐ Iranischer Stieglitz (Carduelis carduelis ultima)

☐ **Zitronenzeisig (Carduelis citrinella)**

☐ **Korsenzeisig (Carduelis corsicana)**

☐ **Girlitz (Serinus serinus)**

☐ **Kanarengirlitz (Serinus canaria)**

☐ **Kernbeißer (Coccothraustes coccothraustes)**

☐ Afrikanischer Kernbeißer (Coccothraustes coccothraustes buvryi)

☐ Kaukasuskernbeißer (Coccothraustes coccothraustes nigricans)

☐ Humis Kernbeißer (Coccothraustes coccothraustes humii)

☐ Schulpins Kernbeißer (Coccothraustes coccothraustes schulpini)

☐ Japankernbeißer (Coccothraustes coccothraustes japonicus)

Familie: Passeridae (Sperlinge)

☐ **Haussperling (Passer domesticus)**

☐ Balearen-Haussperling (Passer domesticus balearoibericus)

☐ Bibelsperling (Passer domesticus biblicus)

☐ Iranischer Haussperling (Passer domesticus hyrcanus)

☐ Persischer Haussperling (Passer domesticus persicus)

☐ Indischer Haussperling (Passer domesticus indicus)

☐ Pakistan-Haussperling (Passer domesticus bactrianus)

☐ Himalaya-Haussperling (Passer domesticus parkini)

☐ Arabischer Haussperling (Passer domesticus hufufae)

☐ Nordafrikanischer Haussperling (Passer domesticus tingitanus)

☐ Ägyptischer Haussperling (Passer domesticus niloticus)

☐ Sudan-Haussperling (Passer domesticus rufidorsalis)

☐ Italiensperling (Passer italiae)

☐ Weidensperling (Passer hispaniolensis)

☐ Kaspischer Weidensperling (Passer hispaniolensis transcaspicus)

☐ Feldsperling (Passer montanus)

☐ Dybowskis Feldsperling (Passer montanus dybowskii)

☐ Kaukasus-Feldsperling (Passer montanus transcaucasicus)

☐ Kansu-Feldsperling (Passer montanus kansuensis)

☐ Richmonds Feldsperling (Passer montanus dilutus)

☐ Tibet-Feldsperling (Passer montanus tibetanus)

☐ Japanischer Feldsperling (Passer montanus saturatus)

☐ Indischer Feldsperling (Passer montanus hepaticus)

☐ Sumatra-Feldsperling (Passer montanus malaccensis)

☐ Steinsperling (Petronia petronia)

☐ Barbara-Steinsperling (Petronia petronia barbara)

☐ Jordanien-Steinsperling (Petronia petronia puteicola)

☐ Kaukasus-Steinsperling (Petronia petronia exigua)

☐ Kaspischer Steinsperling (Petronia petronia kirhizica)

☐ Kleiner Steinsperling (Petronia petronia intermedia)

☐ Chinesischer Steinsperling (Petronia petronia brevirostris)

☐ Schneesperling (Montifringilla nivalis)

☐ Türkischer Schneesperling (Montifringilla nivalis leucura)

☐ Kaukasus-Schneesperling (Montifringilla nivalis alpicola)

☐ Iranischer Schneesperling (Montifringilla nivalis gaddi)

☐ Kasachstan-Schneesperling (Montifringilla nivalis tianshanica)

☐ Mongolischer Schneesperling (Montifringilla nivalis groumgrzimaili)

☐ Tibet-Schneesperling (Montifringilla nivalis kwenlunensis)

Familie: Ploceidae (Webervögel)

☐ Schwarzkopfweber (Ploceus melanocephalus)

☐ Nigeria-Schwarzkopfweber (Ploceus melanocephalus capitalis)

☐ Dubois-Schwarzkopfweber (Ploceus melanocephalus duboisi)

☐ Sudan-Schwarzkopfweber (Ploceus melanocephalus dimidiatus)

☐ Fischers Schwarzkopfweber (Ploceus melanocephalus fischeri)

☐ Gelbhaubenweber (Euplectes afer)

☐ Äthiopien-Gelbhaubenweber (Euplectes afer strictus)

☐ Sudan-Gelbhaubenweber (Euplectes afer ladoensis)

☐ Tahaweber (Euplectes afer taha)

☐ **Orangebäckchenastrild (Estrilda melpoda)**

 ☐ Tschad-Orangebäckchenastrild (Estrilda melpoda tschadensis)

☐ **Wellenastrild (Estrilda astrild)**

 ☐ Kemps Wellenastrild (Estrilda astrild kempi)

 ☐ Bioko-Wellenastrild (Estrilda astrild occidentalis)

 ☐ Sao Tome-Wellenastrild (Estrilda astrild sousae)

 ☐ Äthiopien-Wellenastrild (Estrilda astrild peasei)

 ☐ Mcmillan-Wellenastrild (Estrilda astrild macmillani)

 ☐ Uganda-Wellenastrild (Estrilda astrild adesma)

 ☐ Massai-Wellenastrild (Estrilda astrild massaica)

 ☐ Kleiner Wellenastrild (Estrilda astrild minor)

 ☐ Simbabwe-Wellenastrild (Estrilda astrild cavendishi)

 ☐ Kongo-Wellenastrild (Estrilda astrild schoutedeni)

 ☐ Niedicks Wellenastrild (Estrilda astrild niediecki)

 ☐ Angola-Wellenastrild (Estrilda astrild angolensis)

 ☐ Westlicher Wellenastrild (Estrilda astrild jagoensis)

 ☐ Gabun-Wellenastrild (Estrilda astrild rubriventris)

 ☐ Damara-Wellenastrild (Estrilda astrild damarensis)

 ☐ Südlicher Wellenastrild (Estrilda astrild tenebridorsa)

☐ **Tigerastrild (Amandava amandava)**

 ☐ Chinesischer Tigerastrild (Amandava amandava flavidiventris)

 ☐ Horsfields Tigerastrild (Amandava amandava punicea)

☐ **Schwarzbauchnonne (Lonchura malacca)**

☐ **Schwarzkappennonne (Lonchura atricapilla)**

 ☐ Nepal-Schwarzkappennonne (Lonchura atricapilla rubronigra)

 ☐ Thailand-Schwarzkappennonne (Lonchura atricapilla deignani)

 ☐ Malaysia-Schwarzkappennonne (Lonchura atricapilla sinensis)

 ☐ Sumatra-Schwarzkappennonne (Lonchura atricapilla batakana)

 ☐ Taiwan-Schwarzkappennonne (Lonchura atricapilla formosana)

 ☐ Borneo-Schwarzkappennonne (Lonchura atricapilla jagori)

Seltene Gäste in Europa

- ☐ Abendkernbeisser (Coccothraustes vespertinus)
- ☐ Adlerfregattvogel (Fregata aquila)
- ☐ Aleutenseeschwalbe (Onychoprion aleuticus)
- ☐ Amerikanische Bekassine (Gallinago delicata)
- ☐ Amerikanische Zwergdommel (Ixobrychus exilis)
- ☐ Amerikanische Zwergseeschwalbe (Sternula antillarum)
- ☐ Amerikanischer Goldregenpfeifer (Pluvialis dominica)
- ☐ Amerikanischer Sandregenpfeifer (Charadrius semipalmatus)
- ☐ Amerikanisches Bläßhuhn (Fulica americana)
- ☐ Amerikanisches Teichhuhn (Gallinula galeata)
- ☐ Amurfalke (Falco amurensis)
- ☐ Antarktikskua (Stercorarius maccormicki)
- ☐ Asiatische Kragentrappe (Chlamydotis macqueenii)
- ☐ Aztekenmöwe (Leucophaeus atricilla)
- ☐ Azurfink (Passerina caerulea)
- ☐ Bairdstrandläufer (Calidris bairdii)
- ☐ Baltimoretrupial (Icterus galbula)
- ☐ Bandammer (Emberiza fucata)
- ☐ Bartlaubsänger (Phylloscopus schwarzi)
- ☐ Basrarohrsänger (Acrocephalus griseldis)
- ☐ Bergbraunelle (Prunella montanella)
- ☐ Berggimpel (Carpodacus rubicilla)
- ☐ Bergkalanderlerche (Melanocorypha bimaculata)
- ☐ Bergstrandläufer (Calidris mauri)
- ☐ Bergzilpzalp (Phylloscopus sindianus)
- ☐ Bermudasturmvogel (Pterodroma cahow)
- ☐ Bicknelldrossel (Catharus bicknelli)
- ☐ Bindenseeadler (Haliaeetus leucoryphus)
- ☐ Bindenstrandläufer (Calidris himantopus)
- ☐ Bindentaucher (Podilymbus podiceps)
- ☐ Birkenschnäppertyrann (Empidonax flaviventris)
- ☐ Blauflügel-Waldsänger (Vermivora cyanoptera)
- ☐ Blauflügelente (Anas discors)
- ☐ Blaunachtigall (Larvivora cyane)
- ☐ Blaureiher (Egretta caerulea)
- ☐ Blaurücken-Waldsänger (Setophaga caerulescens)
- ☐ Blauschwanz (Tarsiger cyanurus)
- ☐ Blauwangenspint (Merops persicus)
- ☐ Bonapartemöwe (Chroicocephalus philadelphia)

☐ **Brauenwaldsänger (Oreothlypis peregrina)**
☐ **Braunbrust-Waldsänger (Setophaga castanea)**
☐ **Braunhals-Säbelschnäbler (Recurvirostra americana)**
☐ **Braunkehluferschwalbe (Riparia paludicola)**
☐ **Braunkopf-Keidenkuhstärling (Molothrus ater)**
☐ **Braunkopfammer (Emberiza bruniceps)**
☐ **Braunliest (Halcyon smyrnensis)**
☐ **Braunschnäpper (Muscicapa latirostris)**
☐ **Braunwürger (Lanius cristatus)**
☐ **Brillenente (Melanitta perspicillata)**
☐ **Brillenstärling (Xanthocephalus xanthocephalus)**
☐ **Bronzesultanshuhn (Porphyrio alleni)**
☐ **Buchenschnäppertyrann (Empidonax virescens)**
☐ **Büffelkopfente (Bucephala albeola)**
☐ **Buntfalke (Falco sparverius)**
☐ **Buschgrasmücke (Sylvia minula)**
☐ **Buschspötter (Iduna caligata)**
☐ **Carolinakrickente (Anas carolinensis)**
☐ **Carolinasumpfhuhn (Porzana carolina)**
☐ **Carolinataube (Zenaida macroura)**
☐ **Dachsammer (Zonotrichia leucophrys)**
☐ **Diademrotschwanz (Phoenicurus moussieri)**
☐ **Dickschnabel-Rohrsänger (Iduna aedon)**
☐ **Dickzissel (Spiza americana)**
☐ **Dominikanermöwe (Larus dominicanus)**
☐ **Dreifarbenreiher (Egretta tricolor)**
☐ **Drosseluferläufer (Actitis macularius)**
☐ **Drosselwaldsänger (Parkesia noveboracensis)**
☐ **Dunkelente (Anas rubripes)**
☐ **Dünnschnabel-Brachvogel (Numenius tenuirostris)**
☐ **Eichenlaubsänger (Phylloscopus neglectus)**
☐ **Einfarbdrossel (Turdus unicolor)**
☐ **Einsamer Wasserläufer (Tringa solitaria)**
☐ **Einsiedlerdrossel (Catharus guttatus)**
☐ **Elfenbeinmöwe (Pagophila eburnea)**
☐ **Elsterdohle (Corvus dauuricus)**
☐ **Erddrossel (Zoothera dauma)**
☐ **Erlenschnäppertyrann (Empidonax alnorum)**
☐ **Fahlbürzel-Steinschmätzer (Oenanthe moesta)**
☐ **Fahldrossel (Turdus pallidus)**
☐ **Fahlstirnschwalbe (Petrochelidon pyrrhonota)**

☐ Falkennachtschwalbe (Chordeiles minor)

☐ Feldrohrsänger (Acrocephalus agricola)

☐ Felsensteinschmätzer (Oenanthe finschii)

☐ Fichtenammer (Emberiza leucocephalos)

☐ Fichtenwaldsänger (Setophaga fusca)

☐ Fischmöwe (Ichthyaetus ichthyaetus)

☐ Forsterseeschwalbe (Sterna forsteri)

☐ Fuchsammer (Passerella iliaca)

☐ Gabelschwanz-Königstyrann (Tyrannus savana)

☐ Gelbbauch-Saftlecker (Sphyrapicus varius)

☐ Gelbbrauen-Laubsänger (Phylloscopus inornatus)

☐ Gelbbrauenammer (Emberiza chrysophrys)

☐ Gelbbrust-Waldsänger (Icteria virens)

☐ Gelbkehlvireo (Vireo flavifrons)

☐ Gelbnasenalbatros (Thalassarche chlororhynchos)

☐ Gelbscheitel-Waldsänger (Setophaga pensylvanica)

☐ Gelbschnabelkuckuck (Coccyzus americanus)

☐ Gelbschopflund (Fratercula cirrhata)

☐ Glanzkrähe (Corvus splendens)

☐ Goldflügel-Waldsänger (Vermivora chrysoptera)

☐ Goldhähnchen-Laubsänger (Phylloscopus proregulus)

☐ Goldkehl-Waldsänger (Setophaga dominica)

☐ Goldspecht (Colaptes auratus)

☐ Goldwaldsänger (Setophaga petechia)

☐ Grasammer (Passerculus sandwichensis)

☐ Grasläufer (Calidris subruficollis)

☐ Graubrust-Strandläufer (Calidris melanotos)

☐ Graufischer (Ceryle rudis)

☐ Graukehl-Sumpfhuhn (Aenigmatolimnas marginalis)

☐ Graukopf-Waldsänger (Geothlypis philadelphia)

☐ Graukopfmöwe (Chroicocephalus cirrocephalus)

☐ Graukopfvireo (Vireo solitarius)

☐ Graurückendommel (Ixobrychus sturmii)

☐ Grauschwanz-Wasserläufer (Tringa brevipes)

☐ Grauwangendrossel (Catharus minimus)

☐ Große Kragentrappe (Chlamydotis undulata)

☐ Großer Gelbschenkel (Tringa melanoleuca)

☐ Großer Knutt (Calidris tenuirostris)

☐ Großer Schlammläufer (Limnodromus scolopaceus)

☐ Grünreiher (Butorides virescens)

☐ Grünwaldsänger (Setophaga virens)

☐ Gürtelfischer (Megaceryle alcyon)
☐ Halsbanddrossel (Ixoreus naevius)
☐ Hausammer (Emberiza sahari)
☐ Helmperlhuhn (Numida meleagris)
☐ Hirtenregenpfeifer (Charadrius pecuarius)
☐ Höhlenschwalbe (Petrochelidon fulva)
☐ Horsfieldkuckuck (Cuculus optatus)
☐ Hudsonschnepfe (Limosa haemastica)
☐ Hutschins Zwergkanadagans (Branta hutchinsii)
☐ Indigofink (Passerina cyanea)
☐ Isabellenwuerger (Lanius isabellinus)
☐ Kahlkopfrapp (Geronticus calvus)
☐ Kamtschatkamöwe (Larus schistisagus)
☐ Kanadakleiber (Sitta canadensis)
☐ Kanadakranich (Grus canadensis)
☐ Kanadareiher (Ardea herodias)
☐ Kanadaschnepfe (Scolopax minor)
☐ Kanadawaldsänger (Cardellina canadensis)
☐ Kapohreule (Asio capensis)
☐ Kapsturmvogel (Daption capense)
☐ Kaptölpel (Morus capensis)
☐ Kapuzenwaldsänger (Setophaga citrina)
☐ Katzenvogel (Dumetella carolinensis)
☐ Keilschwanz-Regenpfeifer (Charadrius vociferus)
☐ Kiefernwaldsänger (Setophaga pinus)
☐ Kleine Bergente (Aythya affinis)
☐ Kleiner Gelbschenkel (Tringa flavipes)
☐ Kleiner Schlammläufer (Limnodromus griseus)
☐ Kletterwaldsänger (Mniotilta varia)
☐ Königsseeschwalbe (Thalasseus maximus)
☐ Krabbenreiher (Nyctanassa violacea)
☐ Kronenlaubsänger (Phylloscopus coronatus)
☐ Kronwaldsänger (Setophaga coronata)
☐ Langschwanz-Glanzstar (Lamprotornis caudatus)
☐ Langzehen-Strandläufer (Calidris subminuta)
☐ Lazulifink (Passerina amoena)
☐ Lerchenstärling (Sturnella magna)
☐ Lincolnammer (Melospiza lincolnii)
☐ Löffelstrandläufer (Calidris pygmea)
☐ Madagaskarspint (Merops superciliosus)
☐ Magnolienwaldsänger (Setophaga magnolia)

☐ Mandschurendommel (Ixobrychus eurhythmus)
☐ Marmelalkperdix (Brachyramphus perdix)
☐ Maskenammer (Emberiza spodocephala)
☐ Meisenwaldsänger (Setophaga americana)
☐ Moabsperling (Passer moabiticus)
☐ Mohrenlerche (Melanocorypha yeltoniensis)
☐ Mohrenschwarzkehlchen (Saxicola caprata)
☐ Mohrensumpfhuhn (Amaurornis flavirostra)
☐ Mönchskranich (Grus monacha)
☐ Mönchswaldsänger (Cardellina pusilla)
☐ Mongolenbussard (Buteo hemilasius)
☐ Mongolenregenpfeifer (Charadrius mongolus)
☐ Mongolenstar (Sturnia sturnina)
☐ Noddi (Anous stolidus)
☐ Nordamerikanische Pfeifente (Anas americana)
☐ Nordamerikanische Rohrdommel (Botaurus lentiginosus)
☐ Ohrengeier (Torgos tracheliotos)
☐ Ohrenscharbe (Phalacrocorax auritus)
☐ Olivflanken-Schnäppertyrann (Contopus cooperi)
☐ Orangefleck-Waldsänger (Oreothlypis celata)
☐ Orientbrachschwalbe (Glareola maldivarum)
☐ Orientseeschwalbe (Sternula saundersi)
☐ Orientturteltaube (Streptopelia orientalis)
☐ Paddyreiher (Ardeola grayii)
☐ Pallasammer (Emberiza pallasi)
☐ Palmenwaldsänger (Setophaga palmarum)
☐ Pappelwaldsänger (Setophaga cerulea)
☐ Pazifikpieper (Anthus rubescens)
☐ Pazifiksegler (Apus pacificus)
☐ Pazifischer Goldregenpfeifer (Pluvialis fulva)
☐ Petschorapieper (Anthus gustavi)
☐ Pharaonenziegenmelker (Caprimulgus aegyptius)
☐ Pieperwaldsänger (Seiurus aurocapilla)
☐ Plüschkopfente (Somateria fischeri)
☐ Prachtfregattvogel (Fregata magnificens)
☐ Prärieläufer (Bartramia longicauda)
☐ Präriemöwe (Leucophaeus pipixcan)
☐ Purpurschwalbe (Progne subis)
☐ Rainammer (Chondestes grammacus)
☐ Reisstärling (Dolichonyx oryzivorus)
☐ Reliktmöwe (Ichthyaetus relictus)

☐ Riesenschwirl (Locustella fasciolata)
☐ Riesensturmvogel (Macronectes giganteus)
☐ Riesentafelente (Aythya valisineria)
☐ Ringschnabelente (Aythya collaris)
☐ Ringschnabelmöwe (Larus delawarensis)
☐ Rosenbrust-Kernknacker (Pheucticus ludovicianus)
☐ Rosengimpel (Carpodacus roseus)
☐ Roststärling (Euphagus carolinus)
☐ Rotaugenvireo (Vireo olivaceus)
☐ Rote Spottdrossel (Toxostoma rufum)
☐ Rötelammer (Emberiza rutila)
☐ Rötelgrundammer (Pipilo erythrophthalmus)
☐ Rotfußtölpel (Sula sula)
☐ Rotkehl-Strandläufer (Calidris ruficollis)
☐ Rotkehldrossel (Turdus ruficollis)
☐ Rotkopfente (Aythya americana)
☐ Rotschnabel-Tropikvogel (Phaethon aethereus)
☐ Rotschnabelalk (Aethia psittacula)
☐ Rotschwanzwürger (Lanius phoenicuroides)
☐ Rotstirngirlitz (Serinus pusillus)
☐ Rubinfleck-Waldsänger (Oreothlypis ruficapilla)
☐ Rubingoldhähnchen (Regulus calendula)
☐ Rubinkehlchen (Calliope calliope)
☐ Rüppellseeschwalbe (Thalasseus bengalensis)
☐ Rußseeschwalbe (Onychoprion fuscatus)
☐ Saharaohrenlerche (Eremophila bilopha)
☐ Saharasteinschmätzer (Oenanthe leucopyga)
☐ Sandlerche (Ammomanes cinctura)
☐ Sandstrandläufer (Calidris pusilla)
☐ Schachwürger (Lanius schach)
☐ Scharlachtangare (Piranga olivacea)
☐ Schieferdrossel (Geokichla sibirica)
☐ Schieferfalke (Falco concolor)
☐ Schieferrücken-Königstyrann (Tyrannus tyrannus)
☐ Schlammtreter (Tringa semipalmata)
☐ Schlichtvireo (Vireo philadelphicus)
☐ Schmuckreiher (Egretta thula)
☐ Schmuckseeschwalbe (Thalasseus elegans)
☐ Schnäpperwaldsänger (Setophaga ruticilla)
☐ Schneegans (Chen caerulescens)
☐ Schopfalk (Aethia cristatella)

☐ Schopfwachtel (Callipepla californica)
☐ Schornsteinsegler (Chaetura pelagica)
☐ Schwalbenweih (Elanoides forficatus)
☐ Schwarzbauch-Sturmschwalbe (Fregetta tropica)
☐ Schwarzbrauenalbatros (Thalassarche melanophris)
☐ Schwarzkehlbraunelle (Prunella atrogularis)
☐ Schwarzkehldrossel (Turdus atrogularis)
☐ Schwarzschnabelkuckuck (Coccyzus erythropthalmus)
☐ Schwirrnachtigall (Larvivora sibilans)
☐ Senegalracke (Coracias abyssinicus)
☐ Senegaltschagra (Tchagra senegalus)
☐ Silberalk (Synthliboramphus antiquus)
☐ Singammer (Melospiza melodia)
☐ Smaragdspint (Merops orientalis)
☐ Sommertangare (Piranga rubra)
☐ Sperbergeier (Gyps rueppelli)
☐ Spießbekassine (Gallinago stenura)
☐ Spitzschwanz-Strandläufer (Calidris acuminata)
☐ Spottdrossel (Mimus polyglottos)
☐ Stachelschwanzsegler (Hirundapus caudacutus)
☐ Steinlerche (Ammomanes deserti)
☐ Steinortolan (Emberiza buchanani)
☐ Steinschwalbe (Ptyonoprogne fuligula)
☐ Stelzenwaldsänger (Parkesia motacilla)
☐ Stentorrohrsänger (Acrocephalus stentoreus)
☐ Steppenflughuhn (Syrrhaptes paradoxus)
☐ Steppenkiebitz (Vanellus gregarius)
☐ Steppenpieper (Anthus godlewskii)
☐ Steppenregenpfeifer (Charadrius veredus)
☐ Steppenspötter (Iduna rama)
☐ Steppensumpfhuhn (Crecopsis egregia)
☐ Streifenschwirl (Locustella certhiola)
☐ Streifenwaldsänger (Setophaga striata)
☐ Strichelschwirl (Locustella lanceolata)
☐ Stummellerche (Calandrella rufescens)
☐ Sumpfschwalbe (Tachycineta bicolor)
☐ Swinhoewellenläufer (Oceanodroma monorhis)
☐ Taigazwergschnäpper (Ficedula albicilla)
☐ Tamariskengrasmücke (Sylvia mystacea)
☐ Teufelssturmvogel (Pterodroma hasitata)
☐ Thayermöwe (Larus thayeri)

- ☐ Tienschan-Laubsänger (Phylloscopus humei)
- ☐ Tigerwaldsänger (Setophaga tigrina)
- ☐ Virginiaralle (Rallus limicola)
- ☐ Waldbekassine (Gallinago megala)
- ☐ Walddrossel (Hylocichla mustelina)
- ☐ Waldpieper (Anthus hodgsoni)
- ☐ Wanderdrossel (Turdus migratorius)
- ☐ Wappen-Sturmvogel (Pterodroma heraldica)
- ☐ Weichfeder-Sturmvogel (Pterodroma mollis)
- ☐ Weidenammer (Emberiza aureola)
- ☐ Weidengelbkehlchen (Geothlypis trichas)
- ☐ Weißaugenmöwe (Ichthyaetus leucophthalmus)
- ☐ Weißaugenvireo (Vireo griseus)
- ☐ Weißbauch-Phoebetyrann (Sayornis phoebe)
- ☐ Weißbauchtölpel (Sula leucogaster)
- ☐ Weißbrauendrossel (Turdus obscurus)
- ☐ Weißbürzel-Strandläufer (Calidris fuscicollis)
- ☐ Weißflügellerche (Melanocorypha leucoptera)
- ☐ Weißkehlammer (Zonotrichia albicollis)
- ☐ Weißkopf-Seeadler (Haliaeetus leucocephalus)
- ☐ Weißnackentaucher (Gavia pacifica)
- ☐ Weißschwanz-Tropikvogel (Phaethon lepturus)
- ☐ Weißschwanzkiebitz (Vanellus leucurus)
- ☐ Wermutregenpfeifer (Charadrius asiaticus)
- ☐ Wiesenstrandläufer (Calidris minutilla)
- ☐ Wilsondrossel (Catharus fuscescens)
- ☐ Wilsonwassertreter (Phalaropus tricolor)
- ☐ Witwenpfeifgans (Dendrocygna viduata)
- ☐ Wüstengrasmücke (Sylvia nana)
- ☐ Wüstengrasmücke-deserti (Sylvia deserti)
- ☐ Wüstenläuferlerche (Alaemon alaudipes)
- ☐ Wüstensteinschmätzer (Oenanthe deserti)
- ☐ Zedernseidenschwanz (Bombycilla cedrorum)
- ☐ Zimtente (Anas cyanoptera)
- ☐ Zügelseeschwalbe (Onychoprion anaethetus)
- ☐ Zwergbrachvogel (Numenius minutus)
- ☐ Zwergdrossel (Catharus ustulatus)
- ☐ Zwergflamingo (Phoenicopterus minor)
- ☐ Zwergschnäppertyrann (Empidonax minimus)
- ☐ Zwergschneegans (Chen rossii)
- ☐ Zwergteichhuhn (Gallinula angulata)

Bestimmungsbuch, Stimmen CD & Internet

Bestimmungsbuch-Tipp

Der neue Kosmos - Vogelführer. Alle Arten Europas, Nordafrikas und Vorderasiens

Die sehr detaillierten Zeichnungen machen die Bestimmung der Vögel auch für Neueinsteiger möglich. Es werden alle Arten die in Europa, Nordafrika und Vorderasien angetroffen werden können beschrieben.

Kosmos Naturführer;
ISBN-10: 3440077209; ISBN-13: 978-3440077207;
gebundene Ausgabe; 24,90 €.

Vogelstimmen CD-Tipp

A. Schulze: Die Vogelstimmen Europas, Nordafrikas und Vorderasiens. 17 Audio-CDs und Buch, ISBN 3-935329-49-0.

Internet-Tipp

http://www.naturgucker.de

Literatur

H. H. Bergmann: Die Kosmos-Vogelstimmen-DVD.

E. Bezzel: Vögel beobachten. Praxistipps, Vogelschutz, Nisthilfen. ISBN 3-405-16244-0.

R. Hume: Vögel. Beobachten und bestimmen. ISBN 3-8310-0522-2.

C. Moning, F. Weiss: Vögel beobachten in Norddeutschland. Die besten Beobachtungsgebiete zwischen Sylt und Niederrhein. ISBN 978-3-440-10779-9.

C. Moning, C. Wagner: Vögel beobachten in Süddeutschland. Die besten Beobachtungsgebiete zwischen Mosel und Watzmann. ISBN 978-3-440-10445-3.

A. Schulze: Die Vogelstimmen Europas, Nordafrikas und Vorderasiens. 17 Audio-CDs und Buch, ISBN 3-935329-49-0.

L. Svensson, P. J. Grant, K. Mullarney: Der neue Kosmos-Vogelführer. Alle Arten Europas, Nordafrikas und Vorderasiens. ISBN 3-440-07720-9.

Zeitschrift Der Falke - Das Journal für Vogelbeobachter. ISSN 0323-357X.

Zeitschrift VÖGEL – Magazin für Vogelbeobachtung. ISSN 1862-8397.

Alle Vögel der Welt

Die komplette Checkliste aller Arten und Unterarten, es sind 10.686 Vogelarten aufgeführt und 15.908 Unterarten. 254 Arten / Unterarten gelten als ausgestorben.

Alle Arten und Unterarten erstmals mit deutschen Namen

Alle Vögel der Welt
fotolulu

Paperback
700 Seiten
ISBN 978-3-7347-4407-5

Verlag: Books on Demand
€ 79,00
inkl. MwSt. zzgl. Versand

Alle Vögel der Welt
fotolulu

Hardcover
700 Seiten
ISBN 978-3-7347-4791-5

Verlag: Books on Demand
€ 89,00
inkl. MwSt. zzgl. Versand

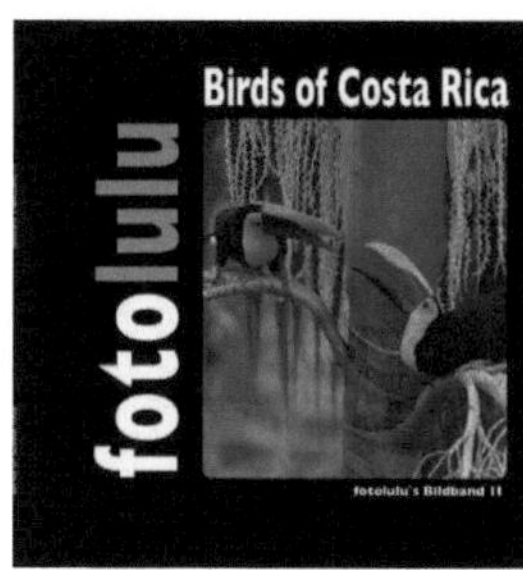

Birds of Iceland
fotolulu
Hardcover
60 Seiten
ISBN 978-3-7347-3037-5
Verlag: Books on Demand
€ 36,99
inkl. MwSt. zzgl. Versand

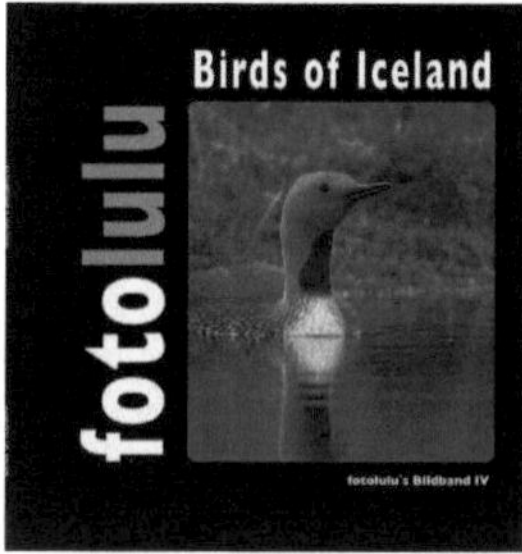

Birds of Iceland
fotolulu
Hardcover
60 Seiten
ISBN 978-3-7347-3037-5
Verlag: Books on Demand
€ 36,99
inkl. MwSt. zzgl. Versand

fotolulu schwarz auf weiss II
fotolulu
Hardcover
200 Seiten
ISBN 978-3-7347-5067-0
Verlag: Books on Demand
€ 29,90
inkl. MwSt. zzgl. Versand